イラスト

基本からわかる 土と肥料の作り方・使い方

東京農業大学名誉教授
後藤逸男 監修

家の光協会

はじめに

　おいしい野菜、きれいな花を育てるには、まず土づくりから――。プロの生産農家はもちろん、園芸に取り組む人なら、だれもが真っ先に頭に思い浮かべることではないでしょうか。

　この、よく耳にする“土づくり”という作業ですが、けっして土そのものを作るわけではありません。そもそも、土とは自然が長い年月をかけて作り上げるもので、人間がどうこうできるものではありません。土づくりとは、土のpHや養分状態を整えて作物が生育しやすい環境を作り出すことです。

　昨今のガーデニングブームで、都市近郊を中心に市民農園や体験農園で、あるいは、プランターや鉢などを使い手軽に家庭園芸を楽しむ人が増えてきました。土に触れ、作物を育てる楽しみを感じながら、“農”が人々の日常に身近な存在になっていくのは、たいへん喜ばしいことです。しかし、園芸の土台ともいえる土と肥料について、どの程度の理解が浸透しているのか、いささか疑問を覚えています。

作物を育てる前に、土を耕して堆肥などの有機物を入れてふかふかにし、石灰やリン酸資材などの土壌改良資材と元肥を入れる。そのような土づくりが繰り返されてきました。日本の土は、もともと酸性でリン酸も少なく、作物を育てるには向いていないため、それが間違っているわけではありません。しかし、同じような土づくりを長く続けてきたために、土の中にリン酸やカリなどの養分が蓄積し、人の体にたとえるなら、メタボリックシンドローム、すなわち“土のメタボ化”に陥っているのです。

“土のメタボ化”は、なにも農家の畑だけに限った事態ではありません。むしろ、家庭菜園のほうがより深刻です。なぜなら、一般の園芸愛好家は自己流が多く、資材コストもあまり考えずに、必要以上に肥料や堆肥などを投入しがちだからです。

人の健康の基本が腹八分であるように、土壌の養分も控えめにしたほうが病害虫にも強く、品質のよい作物を作る土になります。しかし、正しい知識がないばかりに、土に過剰な養分を供給してしまい、作物の生育を悪くするばかりでなく、病害虫発生の危険性を高めてしまうのです。さらに、“土のメタボ化”は水域の富栄養化という環境汚染にもつながってしまうのです。

本書は、まず土そのものについて理解していただき、その後、読者がこれから使う土の状態を診断して、その上で、適正な土づくりと施肥に取り組んでもらえるよう構成しています。なお、土づくりでは、まず堆肥などの有機物を入れて、ふかふかの土にすることが欠かせません。これについては、シリーズ本として出版する『イラスト 基本からわかる堆肥の作り方・使い方』で詳しく解説しています。

土も肥料も、すべて地球の限りある資源です。その貴重な資源を使えばこそガーデニングが楽しめるということを、私たちは忘れてはならないでしょう。土づくりについて、まず根本から理解し、限りある資源を必要な分だけ使いながら園芸を楽しんでいく、そんな流れが広がっていくことを切に願います。

2012年1月
後藤 逸男

contents

contents

第1章

土とは何か

普段わたしたちがあたり前と思っている土は、地球上のあらゆる生命とその環境を育んでいるおおもとです。「土壌」とは「作物を栽培できる土」と言い換えることができます。それは長い地球の営みによって作られてきました。あなたは土についてどれだけ知っていますか？　その機能や構造などを理解することで、野菜や花を育てるとき、なぜその作業が必要なのか、よりいっそう理解が深まるでしょう。

土は大切な資源

土は地球の皮膚

土とは、地球の陸地の表面を覆う、いわば「地球の皮膚」のようなものです。岩石を主原料として、水、空気、動物、微生物などを含めた地球の総合力を駆使して、長い年月をかけて自然が作り上げたすばらしい宝物が「土」です。

普通の畑や田んぼの土の深さは1mほどありますが、仮に地球上の全ての土を1カ所に集め、単純にそれを平らに広げると、その厚さはわずか18cmしかないといわれています。また、日本の風土気候の下で1年間にできる土の厚さは、2mm程度にしか過ぎないといわれます。このように土は地球のかけがえのない資源なのです。

世界中の土の
厚さを平均すると
わずか18cm！
海
岩盤
土壌

土は人の心も癒してくれる

土いじりをしながら野菜や花を育て、収穫したり鑑賞したりして園芸を楽しむ人が、年々増加しています。家庭の庭先や花壇、ベランダでの鉢・プランター栽培はもちろん、都市農園の一部を活用して、希望者に区画を貸し出す市民農園や体験農園も大人気です。今まで土に触れる経験のなかった一般の人々にも、園芸ブームの広がりによって、土は身近な存在になっています。

また、人と土の関係は、なにも園芸の分野に限りません。植物を育てて、鑑賞・収穫・加工などの園芸活動を通して、高齢者や障害者など療法的な支援を必要とする人を対象として、心の癒しや身体の機能回復などに役立てる「園芸療法」や、思い思いの園芸活動に取り組み、日々の生活を充実させ、満足感や生きがいにつなげていこうとする「園芸福祉」など、医療・福祉の分野でも大きな注目を集めています。

このように、地球の資源である土は、人々の生活により密接に結びつき、活躍の場を広げています。土はありふれた存在だと思われるかもしれませんが、今の時代だからこそ、土について理解を深めていくことが大切なのです。

土って農業や園芸以外にも、いろいろな分野で活躍しているんだね。

土は何からできているのか

地球が生まれたときは岩だけでしたが、太陽熱でできた割れ目にしみ込んだ水が凍って膨らみ、岩を押し広げて壊したり、氷河の移動によって岩が削られて細かくなり、そこに植物からできた有機物が加わって土ができたと考えられています。

庭の土を手にとって、指先でこねてみてください。土には、ざらざらする砂とつるつるする粘土

■土ができるまで

太陽の熱や雨風などによる風化で岩が割れて砕かれる
コケが生える
地衣類が生える
風化やひび割れ
乾燥に強い地衣類（コケの仲間）が石の上に生えて、石を少しずつ溶かしていく。また、無機物だけで育つ特別な微生物も石を少しずつ溶かしていく
地衣類や岩のすき間に住む微生物が岩をさらに崩していく

が含まれています。砂は岩石が風化により細かくなったものですが、粘土は砂の一部が水や空気との化学反応によってできたもので、砂とは本質的に構造が違います。土の色は主に黒っぽいことが多いですが、それは腐植と呼ばれる有機物です。

腐植がセメントのような働きをし、砂と粘土を結びつけて土が形成されています。こうした営みが、何千年、何万年もかけて繰り返され、土が作られていくのです。

腐植

土の中で植物の残さや動物の遺体などの有機物が腐敗して分解されたもの。自然が極めて長い時間をかけて作った有機化合物であり、堆肥のような有機物を土に入れたからといって、すぐに作られるものではない。

やがて土の層が厚くなり
植物の根やカビの菌糸も
増えてきて植物に適した
団粒の土ができていく
植物が生える
地衣類やコケが崩した
岩のくぼみなどに小さ
な草が生えはじめる
森ができる
枯れた植物など
腐植が、セメントの
ような働きをして、
砂や粘土を結びつ
け、土に独特の団粒
構造を作っていく
石から溶けでた成分
(ケイ酸とアルミナ)が、
水の中で反応して
粘土が作られる
団粒

日本の土はやせている

日本の土は諸外国の土と比べるとやせていて、特に酸性が強いという特質を持っています。

日本の年間降水量は世界の年間平均降水量の2倍以上もあり、世界でも有数な多雨地域です。雨が多いとアルカリ性ミネラルが流れ出やすく、土の酸性が強くなります。これは土の中にカリウムやカルシウムが少ないということを意味し、そのため日本の土は肥沃ではないといえます。

しかし、諸外国の土と比べてみると、すき間が多くふわふわしているため、植物の根が伸びやすいという特徴もあります。

日本に分布する土の種類

日本に分布する土を大きく分けると右図のようになります。国土の大半は「褐色森林土」と呼ばれる、広葉樹林下の山林に形成される土が占めています。腐植を多く含みますが、酸性の土壌です。

全国の畑でもっとも利用されている土は「黒ボク土」です。火山灰を原料とする黒くて軽い土で、関東の台地のほか、大きな火山の周辺に広がっています。これは一般に「黒土」と呼ばれ、大変肥えた土と思っている方が多いようです。しかし、黒土は水はけや水もちといった土壌物理性は優れていますが、酸性が強く、リン酸がほとんど含まれていないやせた土なのです。

主に水田として使われる「低地土」（沖積土）は、河川によって運ばれてきた土砂が堆積した土壌で、酸性は強いのですが、日本の土の中ではもっとも肥えています。

西日本の畑地で見られるのは「赤黄色土」です。降雨量が多く、気温の高い地域では、有機物の分解が早く進み、有機物があまり含まれない粘土質の土が形成されます。酸性が強く、茶やジャガイモ栽培に向くといわれます。鉄分を多く含むほど土の色が赤くなります。

ポドゾル
（針葉樹林の土）

亜寒帯の植生の多くは針葉樹林。葉は広葉樹の葉より分解されにくく、さらに温度が低いため、酸性の強い腐植が形成される。

■ 日本の土壌分布

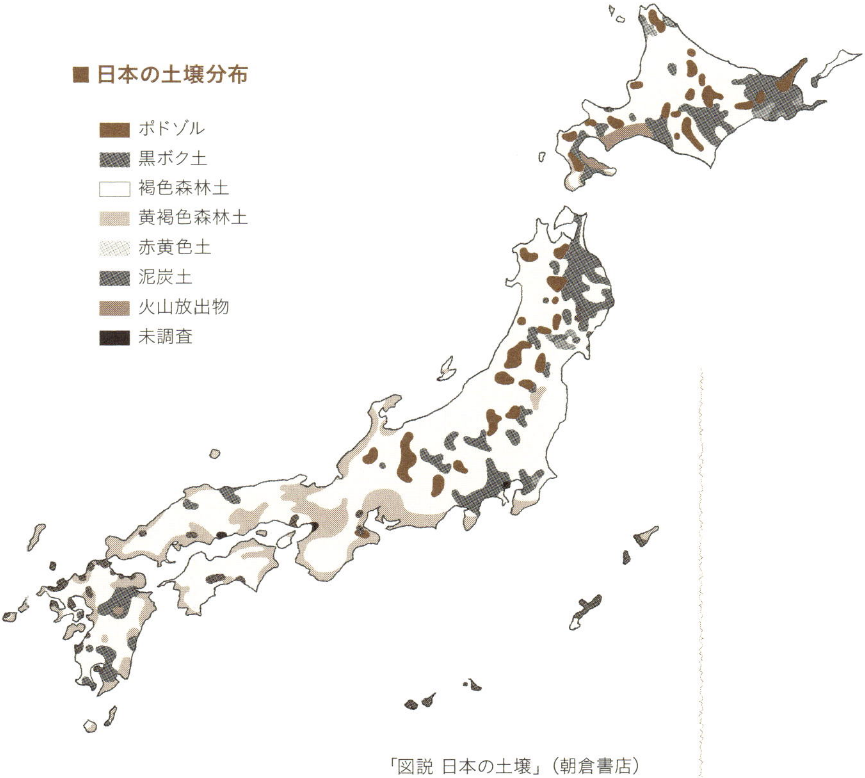

「図説 日本の土壌」（朝倉書店）

土の性質と構造

粒子の大きさで異なる性質

土の性質は、岩石の粒子の大きさやそれらの混合の割合で異なってきます。

例えば、微細な粒子だけでできた粘土は、すき間がなくなります。そのため、水もちがよい反面、通気性や水はけが悪くなります。逆に大粒の鉱物質が集まった砂は、水はけと通気性はよいのですが、水もちが悪く、すぐに乾いてしまいます。

これらの混合の割合で、土は以下のように分けられます。

■土の性質

砂質性 ↕ 粘質性

砂土	海岸の砂や川砂を80%以上含み、粒の一つひとつは水を吸わないので水もちがよくありません。
壌土	微細な粒子の粘土を全体の25～45%含んでおり、ほとんどの植物の生育に適した肥沃な土で畑に使用されています。
埴土	粘土のような微細な粒子を50%以上含む土。通気性と水はけは悪いですが水もちはよく、おおよその水田の土はこれに該当します。

作物の生育には、砂と粘土の両方をバランスよく含み、水もちも水はけもよい「壌土」が適しています。ただし、土の性質は、こうした砂と粘土の割合だけで決まるものではなく、粒の形や並び方（構造）によっても大きく左右されます。

下の図のように、大きさにもとづいて土の粒子の名前が分類されています。肉眼で見分けられるのは細砂まで。土が粘土を多量に含むか、あるいは砂がどのくらいの比率を占めるかによって、その土の物理的、化学的性質を大まかに推定することができます。

細かい砂から粘土まで、
いろいろな性質を持つ粒
子が混じり合っている。
その割合によって、土の
性質が分かれるんだナ

■ 土の粒子の名前

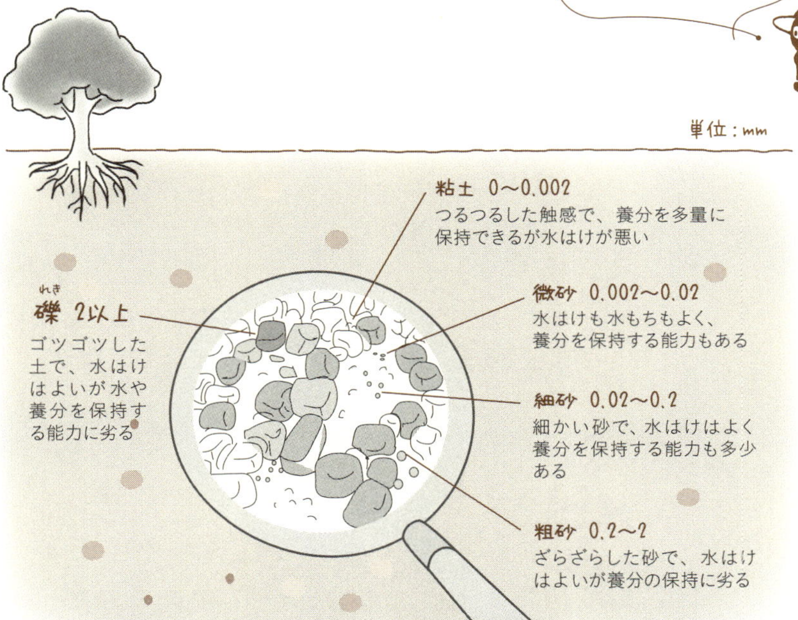

単位：mm
粘土 0〜0.002
つるつるした触感で、養分を多量に保持できるが水はけが悪い
礫《れき》 2以上
ゴツゴツした土で、水はけはよいが水や養分を保持する能力に劣る
微砂 0.002〜0.02
水はけも水もちもよく、養分を保持する能力もある
細砂 0.02〜0.2
細かい砂で、水はけはよく養分を保持する能力も多少ある
粗砂 0.2〜2
ざらざらした砂で、水はけはよいが養分の保持に劣る

土の構造を知る

土の粒が一つずつばらばらに並んでいる状態を「単粒構造の土」、土の粒が集まって大小の団子状の塊が集まっている状態を「団粒構造の土」と呼びます。

単粒構造の土

水分はよく保たれますが、小さい粒の間のすき間は狭いので、空気の入りが悪く、根の呼吸が妨げられます。

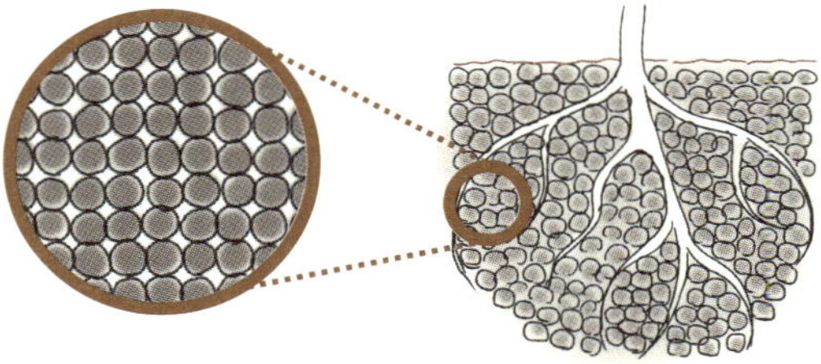

土の粒が小さい粘土質の場合は、水分は保たれるが通気性が悪い。逆に、粒が大きい砂質性の場合は水分不足、肥料不足になる。

団粒構造の土

大きな粒の間に広いすき間ができるので、水はけがよく、その後に空気が入っていくため通気性もよい土です。また、団粒の中の各小さい粒によって水もちもよいので、植物の生育に好ましい土といえます。

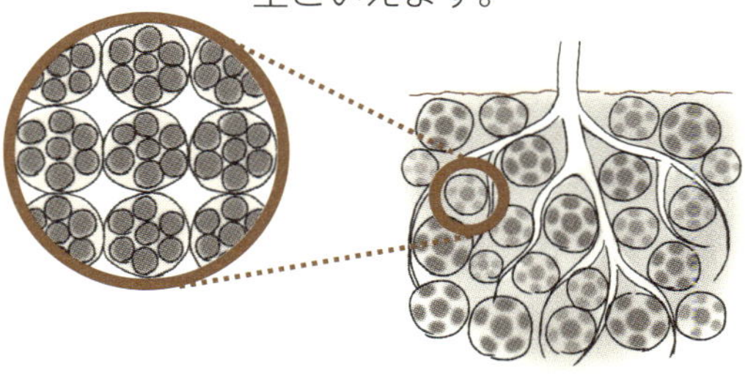

大きな団粒を拡大してみると、それぞれ小さな団粒で構成され、その小さな団粒もさらに小さな団粒で構成されている。

団粒土を作る有機物

団粒を構成する粒子は、主に粘土と砂です。粘土や砂がそれぞれ20〜40%含まれていることが好ましいのですが、それだけでは団粒化しません。それには粒子が凝集することが必要です。

単粒が凝集する条件は3つあり、1つ目は「乾燥」、2つ目は「根の伸長」です。根が土の粒子を押し分けて伸びていくときに、周囲の粘土や砂が凝集させられます。そして、3つ目が微生物による働きです。有機物が微生物によって分解される過程で“有機質ののり”が生成されますが、これが凝集した粘土と砂をくっつけるのです。

しかし、その結びつきはあまり強くないために、団粒の寿命もそう長くはありません。放っておくと、しだいに固まって単粒構造に戻ってしまうので、堆肥や腐葉土などの有機物を施して耕していくことが、団粒構造の維持に不可欠です。

乾燥

水分が失われ
単粒が凝集する

根の伸長

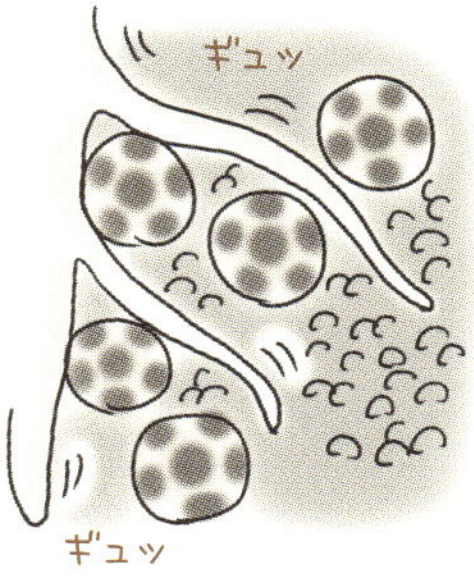

周囲の粘土や
砂が凝集

微生物の働き

微生物が有機物を分解する
過程で、“有機質ののり”を生成

土と植物の関係

植物の生長のしくみと土の役割

植物は土の中から水分と養分（無機栄養素）を吸収して育ちます。種からまず一番先に顔を出すのは根です。根は土の中に深く伸びて地中の水分と養分を吸収し、植物の地上部を支えていきます。ですから、植物がよく育つためには、根が生育しやすい土であることが必須条件です。

茎には「導管」と「ふるい管」という2種類の管があります。導管は根から吸収された水や養分を枝や葉に送り、ふるい管は葉で作られた有機成分（光合成産物）を根や各部に送ります。

葉の葉緑素と、根から茎を通して送られてきた養分を含む水と、葉の気孔から入った二酸化炭素（炭酸ガス）の三つの要素が光のエネルギーを受けて光合成（炭酸同化作用）を行い、有機物である炭水化物を作ります。この炭水化物が植物の栄養となります。

植物は、葉の裏側にある気孔から水を蒸散して体温を調節します。また蒸散が盛んになることにより、根からの養分の吸収も盛んになります。根からの吸水と葉からの蒸散のバランスが崩れると、植物はしおれて機能が衰えます。

花や野菜の栽培に土は必要か?

植物が生育するのに必要なものは「水・空気・温度・養分」。最近では野菜工場が作られて土を使わずに、水耕栽培などで生産されている。つまり植物の生育に土は必須ではないということになる。しかし、土には水・空気・養分を抱え込む性質があり、大変合理的な生育培地である。また、土による栽培では、微生物によって有機質肥料や生ゴミなどの有機物が分解され、養分として使うことができるという利点もある。

ところで、植物は有機物を養分として吸収することはできず、無機物となったものしか吸収できません。土の中にはさまざまな有機物が含まれており、土壌動物や微生物など多くの生物が活動しています。彼らが生長した植物が地面に落とした葉や実などの有機物を無機物に分解したり、土の構造を変えたりするのです。

このように、土と植物は自然の循環の中で密接な関係を築いているのです。

植物を支える土

土は、植物が勢いよく枝葉を広げ生長しても倒伏しないように、土の中の根をしっかり支えている。これも、土の大切な役割の1つ。

■ 土と植物の関係

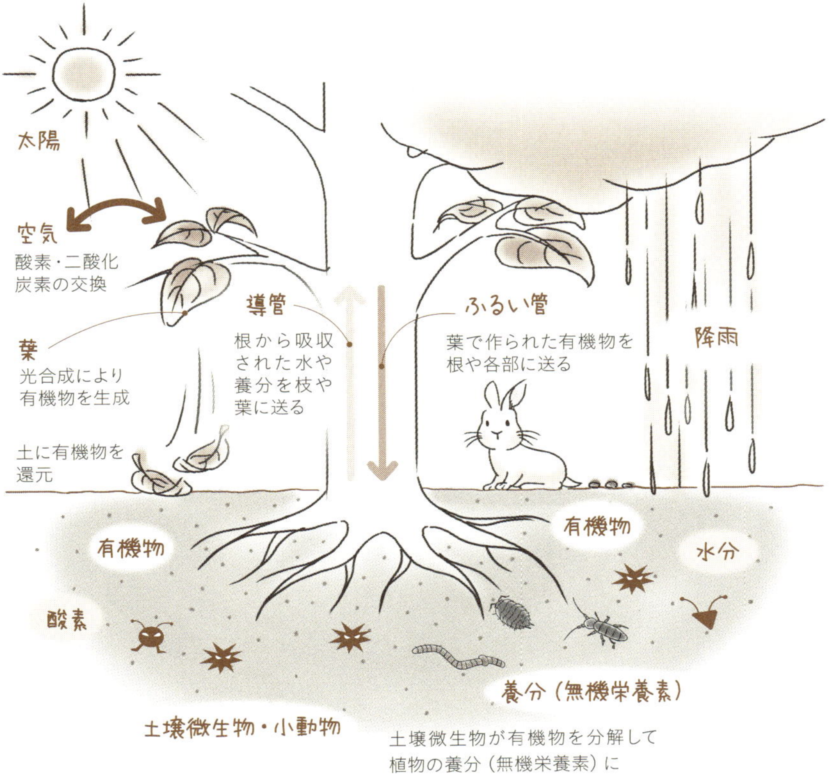

植物が好む土

pHとは

pHとは「酸性・中性・アルカリ性」の程度を示す値で、化学の分野では7を中性と定義するが、植物生育にはそれより少し低い6.0〜6.5が最適。中にはブルーベリーやツツジなどのようにpH5程度の酸性土壌を好む植物もある。

知っておきたい土の3条件

植物が好む土とは、言い代えれば、根の生育に適した環境を持つ土です。植物が必要とするときに水分や養分、空気を供給できる土づくりが基本です。まず、大抵の植物は水浸しの状態では呼吸ができず、酸素不足になってしまいます。水はけをよくするためには土の粒と粒の間のすき間が必要になります。すき間があると空気が流れ込み、同時に余分な水の排水路ともなります。

花や野菜をはじめとした植物を効率よく育てるためには、まず、水はけと水もちのよい土であること、そのために土を団粒化させる「土の物理性の改善」が必要です。また、植物の根が土の中を順調に伸びるために、土のpHと適度な養分が保たれている「土の化学性の改善」がポイントになります。そして、それらが改善されると、土の団粒化を促進させるための有機物を分解する、土壌微生物や土壌小動物による「土の中の生物の働き」が活発になってきます。

そこで、土の物理性と化学性について説明していきます。

水はけ・水もちがよい（土の物理性）

植物の根の生育にまず大切なことは、空気の流れをよくすることです。根は呼吸によって酸素を取り入れて、体内に蓄えている有機物を燃やして二酸化炭素を排出し、そのエネルギーによって水分や養分を吸収しています。従って、通気性がよく十分な酸素がある環境では、活発に新しい根をどんどん伸ばそうとします。しかし、土の中に空気が通らず酸素不足になると、根は窒息状態になって根の先から枯れていきます。これが、いわゆる根腐れの状態です。根腐《ねぐさ》れを防ぐには、土を耕してふかふかの状態にし、団粒化させることが必要になります。

一つの団粒を拡大してみると、それぞれが小さな団粒からできており、小さな団粒もさらに小さな団粒からできています。それぞれの団粒は大きさの違う砂や粘土からできています。

団粒と団粒の間の広さはいろいろあり、すき間が狭ければ水を蓄え、広ければ水は流れて、その後新鮮な空気が流れ込みます。

このように土を団粒化させることで、水はけ、水もち、通気性が改善されます。

畑の土に多くの団粒を作るには、有機質肥料や堆肥などの有機物を鋤《す》き込んで、土壌微生物を活性化させる必要があります。

土の中の団粒

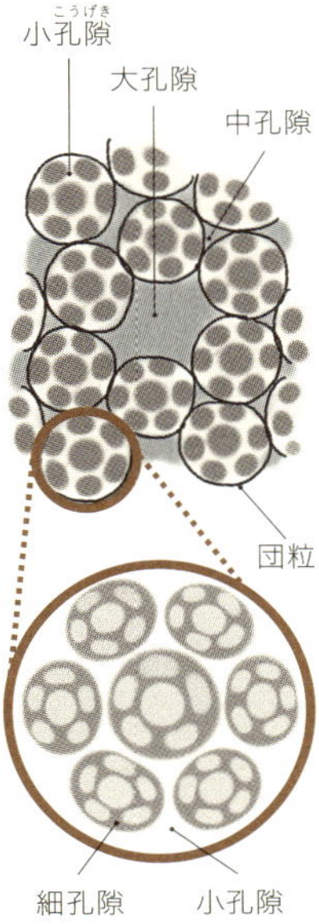

団粒間の広さにより役割が変わる

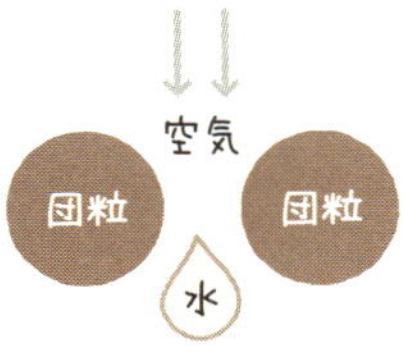

団粒間のすき間が広いと空気が流れ込む

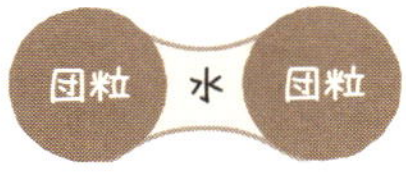

団粒間のすき間が狭いと水が貯まる

pHが低すぎると

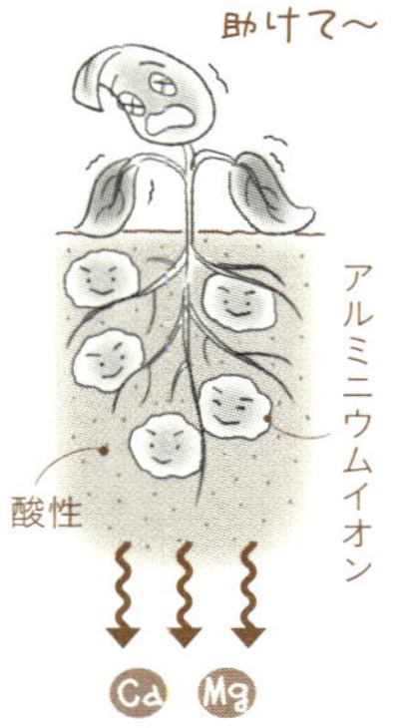

pHが下がり、酸性が強くなると土中のアルミニウムが活性化して、根を傷めてしまう。

植物に最適なpH

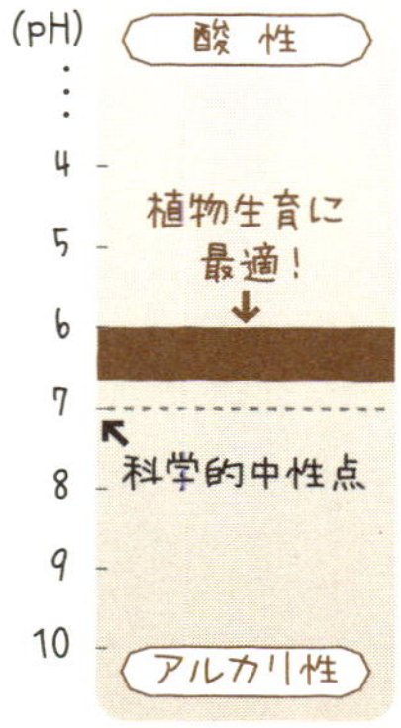

土のpHと保肥力（土の化学性）

植物の根が順調に伸びるためには、土のpHと養分（無機栄養素）のバランスが適切でなければなりません。

降雨量が多い日本では、雨水によって土の中のカルシウム(Ca)やマグネシウム(Mg)などのアルカリ性ミネラルが地下に流れてしまうので、おおむねpH5〜6の酸性が強い土になってしまいます。酸性土壌に含まれるアルミニウムイオンは植物の根に大きなダメージを与えるので、酸度を適正に保つ必要があります。

また、植物は必要なときに必要な量の養分を根から吸収しなければなりません。土には養分を貯蔵する力「保肥力」(「肥《こえ》もち」ともいいます)があります。土中に質のよい粘土や腐植が多いと、この力が高まり、作物は安定的に生長します。

肥料として土に施される養分のうち、チッソ(N)、カリ(K)、カルシウム、マグネシウムはいずれも水に溶けると陽イオンとなります。そのため、マイナスの電気（陰電荷）を帯びている粘土や腐植に吸着されることになり、雨水や灌水によっても流されにくくなります。つまり、土の陰電荷量が多いほど、保肥力が大きいわけです。これは「陽イオン交換容量」という値で表され、英語の頭文字から「CEC」といわれます。

また、人の健康を保つには、バランスのよい食べ物を腹八分程度に摂ることが大切ということと同じように、土にもそのようにして養分を与える必要があります。

肥料の与えすぎは禁物ですし、知らず知らずのうちに土に貯まってしまった肥料成分も気をつけなければなりません。特にチッソ肥料を与えすぎてしまうと、塩類濃度が高くなり、浸透圧が高まってしまい、水分を吸収する力が低下してしまうのです。加えて「青菜に塩」という言葉のとおり、根から水分が流出することもあり、結果として生育不良が起こってしまいます。

■陽イオン交換容量（CEC）の大きさの違い

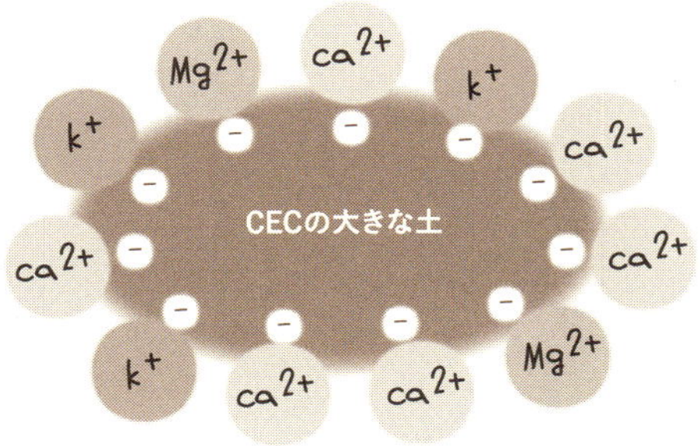

CECが大きいと、陽イオンの肥料成分をたくさん抱えることができる

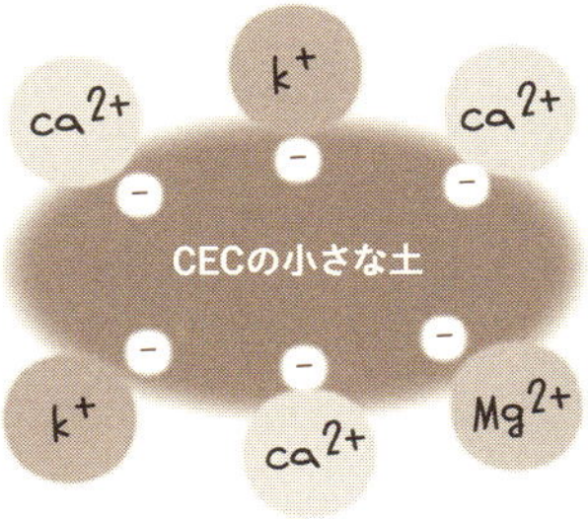

土に塩類が増えると根の生育が悪くなる

塩が多過ぎる土壌

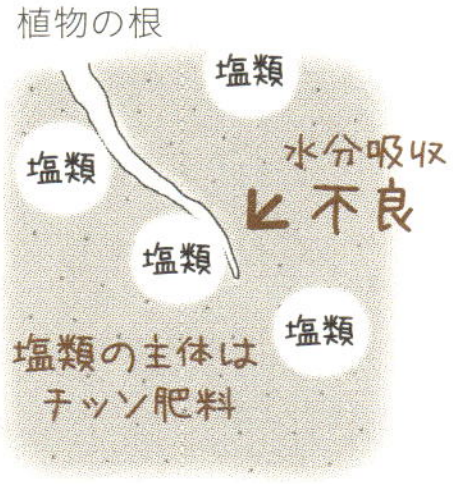

CECとは

CECとは、人にたとえれば、「土の胃袋」といえる。しかし、袋の中に養分を貯えているのではなく、粘土や腐植の表面に陽イオンの養分が吸着している状態。このCECの値が土の保肥力の大きさである。

多様な土壌微生物

植物・動物・微生物の循環

土の中には、多くの種類の微生物が生息しています。土の物理性と化学性がよいと、土壌微生物の数は増え、多様性に富んだ環境になります。

微生物には土を団粒化させる働きや動植物の死骸などの有機物をチッソや炭素など、植物が吸収しやすいかたちに分解する働きがあります。植物が育ち、その植物を食料源とする動物が生息していくという循環を考えると、微生物の働きがいかに大切かがわかってきます。

土の中に存在する微生物にはどんな仲間がいるのか、みていくことにしましょう。

土の中には目に見
えない微生物が
たくさんいるよ

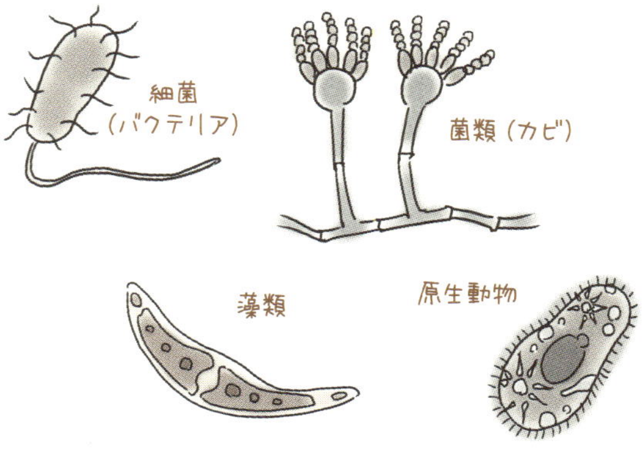
細菌
(バクテリア)
菌類(カビ)
藻類
原生動物

微生物にも役割が分かれる

微生物は生物学上大きく分けると「菌類(カビ)」「細菌(バクテリア)」「藻類」「原生動物」の4つに分けられます。土の中では、主に菌類(カビ)と細菌(バクテリア)が有機物の分解に活躍します。

土の中で、まず最初に菌類(カビ)がついて、有機物を大まかに分解し、さらに酵母、乳酸菌などの細菌(バクテリア)が、それを植物が吸収できる養分(無機栄養素)に分解していきます。「菌類(カビ)は鉈《なた》、細菌(バクテリア)は包丁」とたとえると、わかりやすいでしょう。

菌類(カビ)は酸素のある環境下で、胞子が発芽すると細長い菌糸を形成して増殖します。菌類(カビ)は植物の繊維・リグニンなどの難分解性のものを分解する能力を持っています。

細菌(バクテリア)はもっとも原始的な生物で、遺伝子が存在する染色体は1本の短いDNAからできています。普通の生物の染色体は、父方と母方の両方に由来する2本のDNAのからみ合った糸から成り、それを保護する膜で囲まれた核を持っていますが、細菌(バクテリア)のDNAは裸で細胞の中にたたみ込まれています。

こうした微生物は、土1gの中に1億以上もいるといわれており、「土は生きている」のたとえのとおり、数多くの生き物が土の中で育まれています。

動物と植物の元祖

原生動物に属するアメーバは、硬い細胞壁を持たず、やわらかな細胞膜が直に外界と接しているので、形状を自在に変化させることができ、細菌(バクテリア)を食べて生きている。アメーバは細胞壁を持たない動物の元祖といえる。
一方、植物の先祖は葉緑体を持ち光合成を行うことができる藻類。

硝化菌の働き

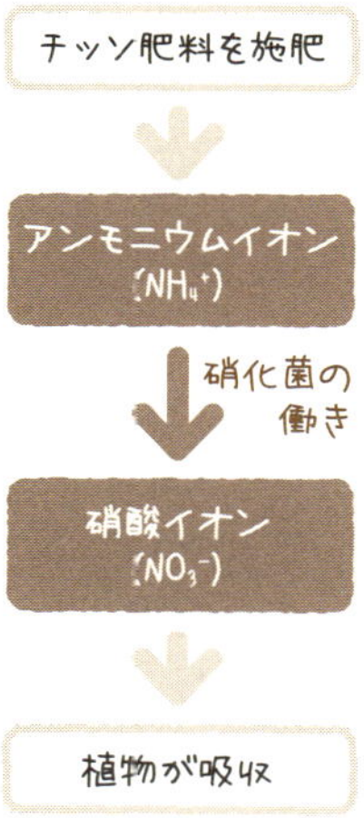

種類によってエサも違う

前述の4つの区分とは別に、エサ(獲得エネルギー源)の違いによって微生物を、有機物をエサとする「有機栄養微生物」と、無機物をエサとする「無機栄養微生物」に分類することもできます。

土壌微生物の95%は有機栄養微生物ですが、残りの5%しかいない無機栄養微生物の代表的なものとして、硝化《しょうか》菌がいます。

硝化菌には、アンモニアを亜硝酸に変えてエネルギーを得る「アンモニア酸化細菌」と、亜硝酸を酸素と反応させて硝酸に変えることでエネルギーを得る「亜硝酸酸化細菌」とがあります。

通常、両者はいっしょにいるので生成された亜硝酸はすぐに硝酸に変えられます。この変化が円滑に行われないと、有毒な亜硝酸が土の中に溜ってしまい、植物に害を与えます。

植物が生育するのにチッソは欠かせませんが、植物は硝酸態のときに好んで吸収します。その硝酸の材料となるのが、土の中の有機物を微生物が分解したアンモニアです。アンモニアを硝酸に変えることができるのは硝化菌だけです。このように、土壌微生物のわずかな割合しかいない硝化菌が植物の生育の鍵を握っており、それだけではなく、地球上のチッソの循環を支配している重要な微生物なのです。

空気を好むか、好まないか

空気を好むかどうか、つまり、酸素を必要とするかしないかによる微生物の分類もあります。酸素があると生殖できない菌（絶対的嫌気性菌）は、主に水田や湿地などで生息しています。逆に、カビ、原生動物、藻類は、酸素がないと増殖できません（絶対的好気性菌）。ほかに、酸素があってもなくても増殖できる菌（条件的嫌気性菌）もいて、ほとんどの微生物はこれに属しています。

土壌微生物の働きは、まだごくわずかしか解明されていないのが現状です。土の中は、まだまだ測り知れない不思議がたくさんありますが、まずは多様な微生物が生息していることを覚えておきましょう。

■土壌微生物の95%は有機栄養微生物

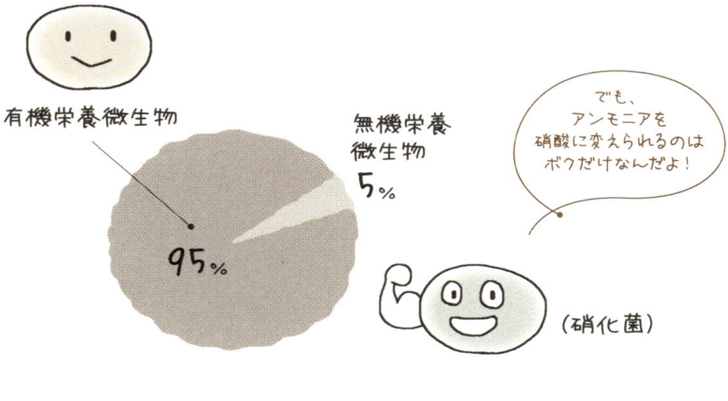
有機栄養微生物
無機栄養
微生物
5%
95%
でも、
アンモニアを
硝酸に変えられるのは
ボクだけなんだよ！
（硝化菌）

土の中の微生物の働き

植物の根と微生物

植物の根は老化した死細胞を切り離して生長していきますが、植物の細胞に含まれる炭素は、微生物の格好のエサとなります。それに加えて、糖、アミノ酸、ビタミンなども周囲に分泌しますから、根の周りは微生物にとっては絶好の住環境です。

畑作物の場合、根の周りの細菌は離れた所の26～120倍にもなるといわれています。根のごく近く（根の周り1mm前後）の空間は「根圏」と呼ばれ、根が水や養分を吸収する場所でもあります。

根が伸長して死細胞や、糖、アミノ酸、ビタミンなどの分泌物を出すと、土の中の微生物が活動を始めて根に定着し繁殖し始めます。

これまで述べてきたように、植物が育つ上で土の中の微生物の存在は不可欠ですが、その中に病原菌が存在すると、植物が病気にかかる場合があります。

微生物の働きが作物の生長に欠かせない。でも、病原菌もいるので注意しよう！

植物が身を守る方法

そのため、植物は病原菌から身を守るための術《すべ》を持っています。例えば、(1)根の表皮を硬くして侵入を防ぐ。(2)病原菌が根の表皮を溶かすために分泌する酵素の働きを阻害する物質を出す。(3)侵入した病原菌を殺す抗生物質を持つ。(4)レクチンという物質によって、侵入菌を凝集させて組織を硬化させたり、新しい抗生物質を作り出す、といった方法です。

■植物の防御機構

1

根の表面を硬くし、病原菌や害虫の侵入を防ぐ

2

病原菌が根の表皮を溶かすために分泌する酵素の働きを阻害する物質を出す

3

侵入した病原菌を殺す抗生物質を持つ

4

レクチンによって侵入菌を凝集、硬化。新しい抗生物質を作り出し、菌と戦う

微生物の共存と敵対

土の中の微生物は他の微生物と仲良くしたり敵対したりして複雑にからみ合い、一定のバランスを保って生きています。二づくりを適切に行っていくと、多様な微生物が育まれ、複雑な構造を持つ有機物をスムーズに分解してくれます。

土の中の微生物同士の関係には、主だったものとして以下のものがあります。

エサのバトンタッチ

ある微生物の分解したものを他の微生物がエサとして食べることです。29ページでも述べたように、まずは菌類（カビ）が有機物を大まかに分解し、それを細菌（バクテリア）がエサとして、最終的に二酸化炭素、アンモニア、硝酸塩、リン酸などの無機物に変換されます。

棲み分け

お互いに足りないものを補足し合っています。例えば好気性菌が盛んに活動すると、周囲の酸素が不足するために、嫌気性菌が生息できます。

拮抗

利害が対立している微生物同士が、一定のバランスを保っている状態です。例えば、エサが不足している土の中ではエサの奪い合いや、互いの食い合いも生じますが、それでも両者のバランスが崩れることなく、均衡していることを指します。

小動物のふんも
微生物のエサになる

食い合い

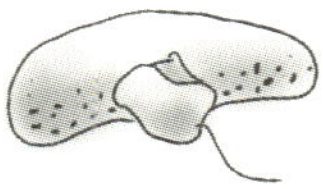

バクテリアとアメーバ

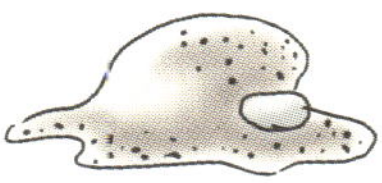

ファージ細菌と
ブデロビブリオ

連作による土壌伝染病害

土壌伝染病害は、いくつかの要因が複雑にからみ合って引き起こされますが、同一畑での同一作物の連作が原因としてまず挙げられます。

ある作物の根で増殖した特定の病原菌が、土の中に残った根や、収穫後の残さ上で生き残り、胞子を形成し、次に作付けする際に発芽して増殖していきます。しかし、違う作物を栽培（輪作）すると、胞子は発芽できず、そのうち他の微生物の攻撃を受けて死んでいきます。

また、連作に伴う発育低下を補うために行われる施肥量の増加も、作物の病気に対する抵抗力を弱めて発病を助長します。

■連作による病害を防ごう

連作による障害

毎年同じ作物を同じ畑に植えていると、土の中に残った過度な肥料成分や病原菌などにより、発育低下を起こしたり病気になったりする。

輪作によるメリット

次の年に違う作物を植えると、土の中に残った病原菌の胞子は発芽できずに死んでいく。相性のよい作物の組み合わせで輪作する。

コラム

土の中の小動物

有機物の分解や土を撹拌する

　ミミズ、ヤスデ、ワラジムシ、アリ、その他昆虫など、土の中の小動物たちは、枯れ枝や落葉などを細かく砕いてエサとして食べ、排泄したふんが微生物のエサになります。小動物の役割は、単に微生物のエサを提供するだけに止まりません。ミミズやアリは地表の落葉を地中に引っ張り込み、また、地中の土粒子を地表に持ち上げます。セミやコガネムシの幼虫は地中にトンネルを掘って移動し、土粒子と有機物を垂直水平方向に移動し混合させます。土の中の小動物も、微生物とは違った大切な役割を担っているのです。

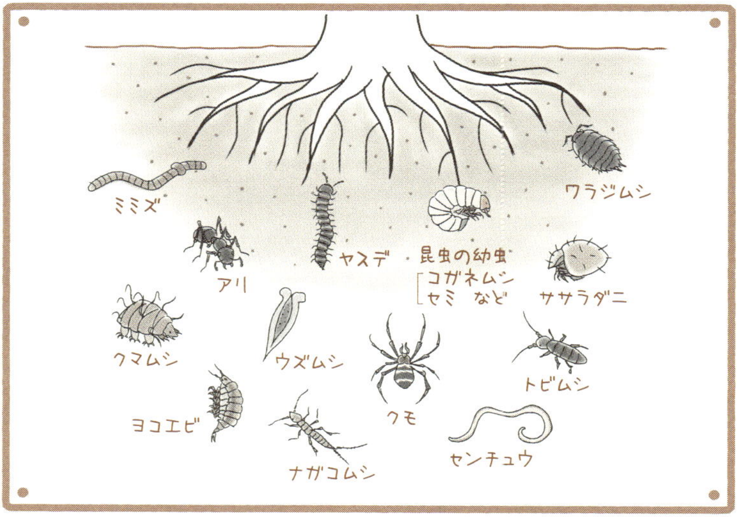

ダーウィンのミミズの研究

「種の起源」で有名なダーウィンが29年間にわたってミミズの研究をしたことはよく知られています。それによるとミミズのふんと周りの土の化学性を比べたところ、ふんのpHはわずかに高く、チッソ、炭素、カルシウムの含量ははるかに高いということです。また、ミミズは土を団粒化させて植物に対する水分や空気の環境をよくし、ミミズの穴は水の通りもよくします。

第2章

土の健康診断

土づくりとは植物が育ちやすい土壌環境に整備すること。しかし、わが菜園の土がよい土なのか悪い土なのか一見しただけではなかなかわかりません。そこで欠かせないのが土の健康診断です。第1章で述べたように、よい土の条件については土の物理性、化学性、生物性の3点から整理できます。土の状態を正しく把握することが、土づくりの第一歩。何が不足し何が余分なのか、庭や家庭菜園の土をチェックしてみましょう。

土を観察してみる
（物理性のチェック）

健康診断は人も土も同じ

家庭菜園で野菜や花を育てる前に、まず、わが家の畑の土の健康をチェックすることから始めましょう。よい土かどうかを調べることは、人の健康診断にたとえることができます。

人が医者から診察を受ける手順としては、問診して、顔色や肌のつやを見たり、聴診器で音を聴いたりします。もし、それ以上に詳しく調べるのであれば、採血したり、レントゲン写真を撮ったりします。

土の健康診断も同様です。まずは、目で見て、土を手にとって触り心地を確かめます（土の物理性チェック）。さらに詳しく調べるのであれば、土を採取して、薬品などを使って、データをとります（土の化学性チェック）。

それでは、まずは土の物理性のチェックから始めていきます。

人の健康診断と
同じように、
土の健康診断が
大切だよ。

土を見て、触ってみる

微生物が棲みやすい団粒構造が形成されているか、砂や粘土が土の中にどれくらい含まれているかといった土の物理的な状態は、じっくり観察したり手で触ってみたりすると把握できます。

❶ 砂が多いか粘土が多いか

親指と人差し指の間に少量の土を取り、こね合わせて、ツルツルする感触なら粘質土、ザラザラした感触なら砂質土です。前者は保肥力（肥もち）はよい反面水はけが悪く、後者は水はけはよい反面保肥力が悪いという土です。ツルツル感とザラザラ感の両方を感じられる土が、水はけも保肥力もよい土となります。

ツルツル感とザラザラ感、つまり、砂質土と粘質土の両方が適度に混じり合っている土がよい

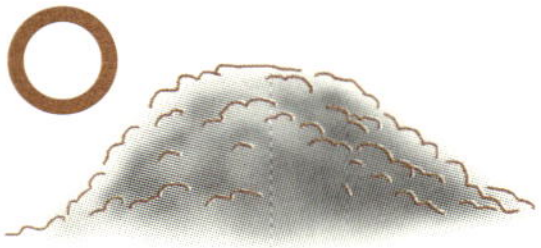

黒っぽくふわふわしている土は、水はけも通気性もよく、多くの植物が好む

❷ 有機物が多いか少ないか

見た目に黒っぽくてふわふわしている土は、有機物が多く肥えた土で、通気性も水はけもよく、作物の生育に適した土です。固くてやせた土は、見た目にも黒みがなく、パサパサした感じがします。保肥力も悪いので、堆肥などを投入して改善する必要があります。

黒みがなくパサパサしている土は、やせていて固くなりやすく、保肥力も悪い

土を掘ってみる

土の状態を確かめるうえで、50cmほど掘り下げると、土の層の様子が見えてきます。

ふだん耕している、作物の根が張る層のことを「作土《さくど》」といい、それより下部を「下層土《かそうど》」といいます。水はけと水もちのよい土を作るためにも、2つの層の役割を知る必要があります。

作土は、やわらかい土の層で、ここで作物は根を伸ばし、養分を補給します。根の伸張を促すためにも、この層は、20cm程度の厚さが必要です。

また、下層土は作土を支える土台となる部分です。この部分は、締まっていることが普通ですが、締まりすぎていると雨が降りやんでしばらくたっても、水たまりが残ってしまうので、改良が必要になってきます。

■穴を掘って作土と下層土の固さを調べる

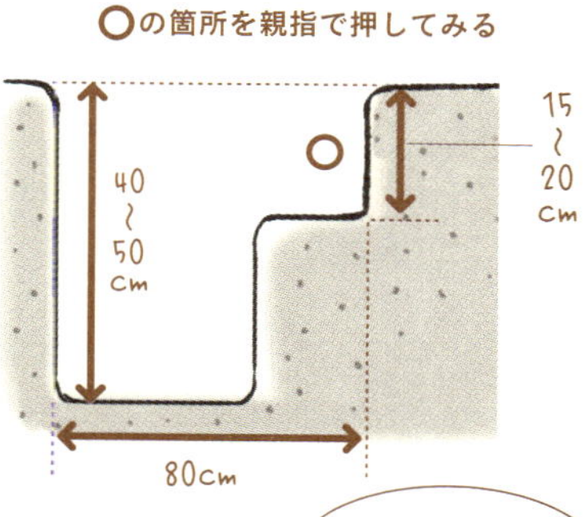
○の箇所を親指で押してみる
40〜50cm
15〜20cm
80cm

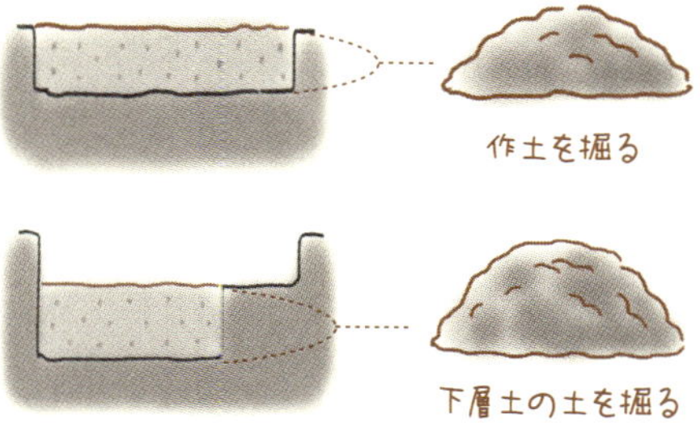
作土を掘る
下層土の土を掘る

クワやスコップで土を掘る。作物にもよるが、作土は20cm、下層土までは50cmあればよい

掘り出した作土と下層土を別にしておき、調査が終わったら元どおりに埋める

少し力を入れて親指で押して、適度に指先が入る程度のやわらかさがよい土

市民農園などを利用する場合

近年、新興住宅地の周辺に市民農園が設けられ、気軽に園芸を楽しむ人が増えてきました。しかし、新たに作付けをするにあたって、前に使っていた人がどのような肥料を入れていたのか、何を作っていたのかがわかりません。作物の種類によっては連作しても問題ないものもあるし、避けた方がよいものもあります。

そのような場合は、連作しても無難なコマツナ、カブ、ダイコン、ニンジン、タマネギ、カボチャなどから始めてみるとよいでしょう。

長年、畑として使われてきた土は、養分が多い傾向がありますが、荒れ地のまま放置されていた土は養分が少なく、酸性土壌になっているので、それぞれ改善する必要があります。

この土地の前歴は
荒れ地だったのか?
何が植えられて
いたのか?

長年、荒れ地だった土は、養分が少なく、酸性土壌が多い

タマネギ
カボチャ
コマツナ

市民農園などでは、前作で何が作られていたかを考慮する必要がある

土のpHを測定する（化学性のチェック❶）

試験液などですぐに調べられる

それでは、次に土の化学性を診断していきましょう。まずは土のpH（酸度）を調べます。

第1章でも述べたように、日本は温暖で降雨量が多く、アルカリ性ミネラルのカルシウムやマグネシウムが流れてしまい、土が酸性化しがちです。酸性が強いと、植物の根が傷んでしまい、養分の吸収が阻害されるなどして、生育不良を起してしまいます。そのため、土づくりにおいて石灰資材を投入してpHの値が高くなるように調整する必要があります。

しかし、やみくもに石灰資材を投入したのでは、かえって作物のためにならないこともあります。植物の多くは微酸性から弱酸性の土を好みますが、種類によって適正なpHの値は異なります。これから育てようとしている作物の種類に適したpHの値になるように、石灰資材を必要な量だけ投入しなければなりません。そのために、土のpHの測定が必要なのです。

一般的には、市販のpH試験液やリトマス試験紙などを使って調べるのですが、畑に生える雑草の種類によっても、酸性土壌かどうかを推測することができます。
　例えば、酸性土壌でもよく育つ雑草として、スギナやオオバコ、ハハコグサ、カヤツリグサ、スイバなどがあります。これらの雑草が多く顔を出していたら、そこの土はpHの値が低め（酸性が強い）と考えてよいでしょう。
　pH試験液やリトマス試験紙を使った測定方法は、次のページで紹介します。

まずは、畑にどんな雑草が生えているか、観察してみよう

■植物別最適pHのめやす

pH	野菜		草花・花木・果樹	
6.5〜7.0 微酸性〜中性	エンドウ ホウレンソウ		ガーベラ ブドウ	スイートピー
6.0〜6.5 微酸性	アスパラガス エダマメ カリフラワー シュンギク スイートコーン ナス ネギ ピーマン レタス	インゲン カボチャ キュウリ スイカ トマト ニラ ハクサイ メロン ラッカセイ	カーネーション スイセン ポインセチア バラ キウイフルーツ キク パンジー ユリ	オウトウ モモ
5.5〜6.5 弱酸性 〜 微酸性（広域）	イチゴ コマツナ タマネギ ニンジン	キャベツ サラダナ ダイコン	コスモス ウメ ナシ リンゴ	マリーゴールド カキ ミカン
5.5〜6.0 弱酸性	サツマイモ ニンニク ラッキョウ	ショウガ ジャガイモ	セントポーリア クリ ブルーベリー	プリムラ パイナップル
5.0〜5.5 酸性			洋ラン サツキ ツツジ	サザンカ ツバキ

2-2 土のpHを測定する（化学性のチェック❶）

測定方法❶　pH試験液を使う

調べたい場所の表面から5〜10cmの深さの土を移植ゴテで採取し、コップなどの容器に土1：水2の割合で入れてよく混ぜます。約30秒後に上澄み液を試験管などに入れて試薬を注ぎ、カラーチャートの色比較して、pHを読み取ります。

測定のポイント

使用する水は精製水を使うと正確に測定できる。目盛りのついたメジャー容器に100mℓの線まで水を入れ、そこに土を加える。水位が150mℓになったら、容積比は、土1：水2となる。
時間がたつと色が変わるので、分離が落ち着いたら上澄み液を試験管に入れる。

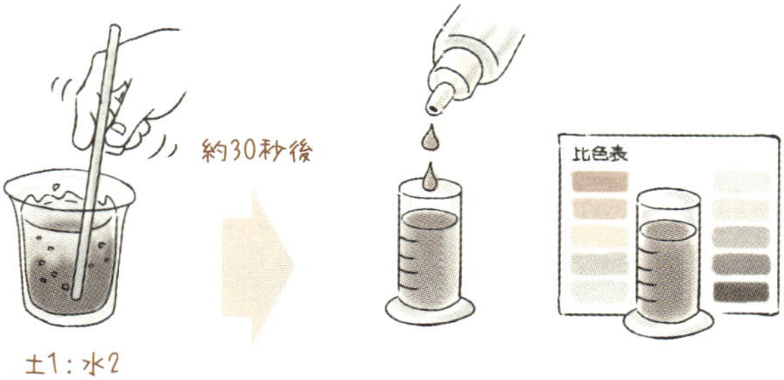

測定方法❷　リトマス試験紙を使う

上記同様に土を採取し、同じ分量で土と水を入れてよくかき混ぜ、落ち着くまで待ち、上澄み液に青のリトマス試験紙をつけます。すぐ赤くなったら強酸性、ゆっくり赤くなったら弱酸性、色が変わらなかったら中性ということになります。

色が変わらない	中　性
ゆっくり赤くなった	弱酸性
すぐ赤くなった	酸　性

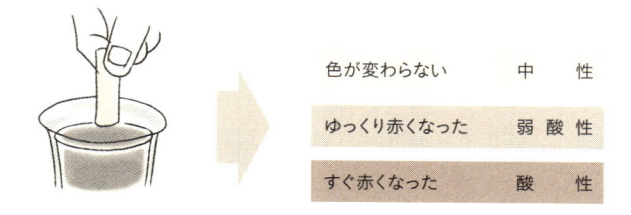

肥料の種類で土のpHが変わる

降雨によって土は酸性が強くなりがちですが、降雨が少ないとpHは上昇します。しかし、雨以外の要因として、施した肥料によってpHが変動する場合があります。

チッソ肥料には硝酸態とアンモニア態があり、アンモニア態チッソを施すと硝化菌がアンモニウムを硝酸に変えます。その過程で水素イオンが放出されて土は酸性化します。また、アンモニア態チッソの場合は、塩素イオンや硫酸イオンなどが残されることによってもpHが下がります。逆に、硝酸態チッソを施すとカルシウムやナトリウムなどの塩基性イオンが残り、pHが上がります。

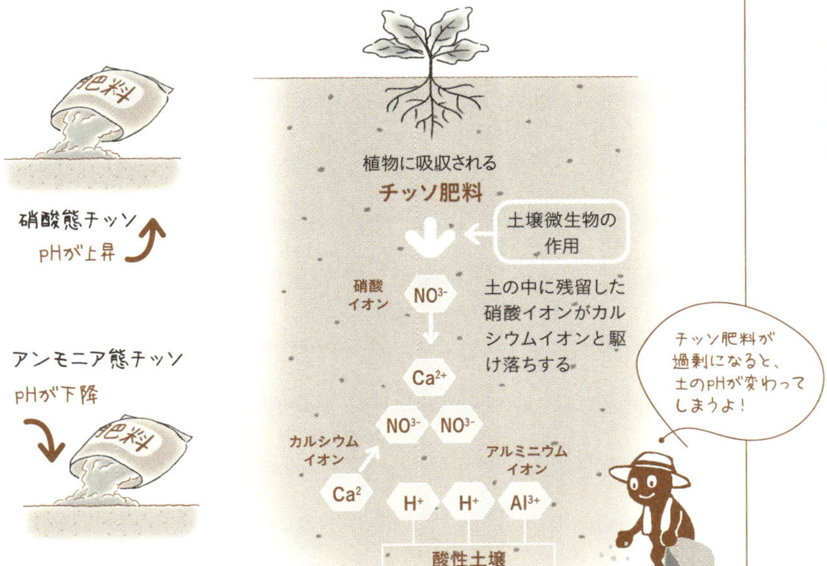

土の養分を調べる
(化学性のチェック❷)

家庭での簡単な養分の調べ方

土の化学性のチェックでは、pHの値が適正かどうかに加えて、養分バランスがよいかどうかも調べます。正確に測定するには、JAなどの専門分析機関で行う必要がありますが、家庭園芸の場合は、市販されている土壌診断キットなどを使うとよいでしょう。おすすめは農大式簡易土壌診断キット「みどりくん」です。メーカーや種苗会社から通信販売で購入するなどして、入手することができます。分析できる項目はpHに加え、チッソ（硝酸態チッソ）、リン酸、カリの必要最低限の養分についてです。たった5分間で診断できます。「みどりくん」では、土の中の養分の濃さを示す塩類濃度（EC）を測ることはできませんが、その測定値から、おおよそのECの値を推定することができます。

「みどりくん」でのチッソ測定値が5～10であれば、ECは適正とみなします。また、リン酸が8～15、カリが4～8の範囲内にあれば、土の養分バランスは良好です。

なお、ECを正確に測るにはECメーターという器具が市販されています。花や野菜の生育に適したEC値は、0.2～0.5です。

「みどりくん」の使い方

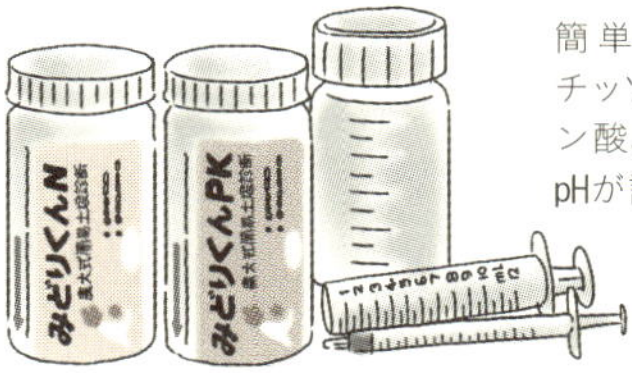

簡単な操作で土壌中のチッソ（硝酸態チッソ）、リン酸、カリの各成分量と、pHが計測できます。

溝を掘り、深さ5〜10cmのところに土壌採取器を差し込む

↓

土を5mℓ 採取する

↓

採取した土をプラスチック容器に入れる

←

市販の精製水を50mℓのラインまで加え、1分間激しく振る

←

懸濁液に試験紙を3秒間浸した後、取り出して1分間反応させる

↓

試験紙のプラスチック側の面の色を容器表面のカラーチャートと比べて数値を読む。上がpH、下が硝酸態チッソ。測定値は、pHが6.5〜7.0、硝酸態チッソの値が5と読み取れた場合は、10a当たり（深さ15cmまで）5kg含まれていることになる

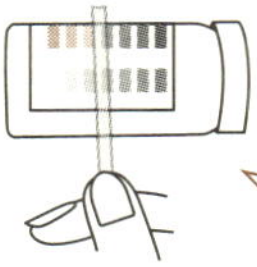

測定値を1㎡当たりに換算

10aで1000㎡、5kg＝5000gなので、5000÷1000=5となり、1㎡当たり5g分を元肥から引いて施肥する。なお、リン酸とカリも同様の方法で測定できる

■コンパクトECメーター

市販されている簡易なEC測定器は、少々値がはるが、購入しておけば、いつでも好きなときに測定ができるので便利。pHもいっしょに測定できるものもある。

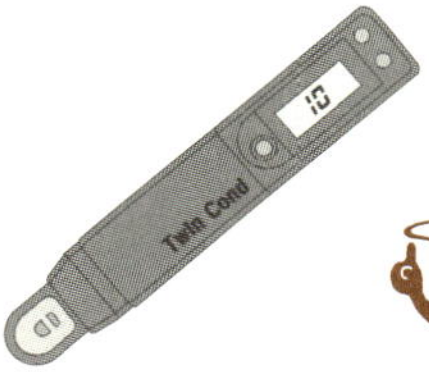

生きた土かどうか
(生物性のチェック)

微生物や小動物の働きをみる

土壌中に無数に生息する微生物の働きを目でみることはできませんが、植物の生育は彼らの働きなしでは成り立ちません。微生物は、植物残さや動物のふんなど土の中に入った有機化合物を無機栄養素に分解し、植物が吸収しやすいかたちに変える働きをします。また、ミミズなどの土壌小動物は土を耕し、水はけや空気の通りをよくします。

このような小動物・土壌微生物が多く住み、活発に活動している状態がよい土といえます。基本的に、土が団粒化して、水もち・水はけ、通気性がよく、pHの値や養分のバランスも適切であれば、土壌生物性がよいことを示しています。

具体的にどの程度、生物が活動しているかを知るためには、紙を使ったり、ミミズの数をみたりして、簡単に確かめることができます。

土に埋めた紙がボロボロになっていると微生物が働いている証拠だヨ

土の生物性をみる方法

白い紙で微生物の力を診断

土の中に白い紙を入れて埋めます。適当な水やりをして土の乾燥を防ぎ、2～3週間ほどたったら、掘り出してみます。紙に赤いカビが発生していれば糸状菌などの働きが活発です。やがてもっと分解が進むと、紙はボロボロになります。

ミミズの数と種類をみる

ミミズは土を耕す働きがあり、ふんにはチッソ、リン酸などの養分が含まれています。土を掘り返したときにミミズが多い土はよい土です。ただし、シマミミズ（体長5～10cmで縞模様がある）が多い土は、未熟な有機物が多い可能性があります。

土壌生物性の改善方法

微生物が少ない場合

診断用の紙がボロボロにならず、微生物の力が弱い場合は、良質の堆肥を毎年1㎡当たり2～3kg施すことで、微生物の数が増えます。また、米ヌカなどの有機物を入れても効果があります。

シマミミズが多い場合

堆肥を入れ過ぎてシマミミズが多くなると、モグラが出てきて作物に害を与えます。その場合は、1～2年、堆肥や有機物の施用を止めてみましょう。

土の健康診断 まとめ

この章では、土の物理性、化学性、生物性の観点から土の健康診断をしてきました。そこで、これだけは押さえておきたい4条件をおさらいしておきましょう。

作物がよろこぶ「よい土」のために
押さえておきたい４条件

1 通気性	根が伸びやすい、やわらかな土であることが大切。そして、根が呼吸できるように団粒化した土で通気性がよいこと。
2 団粒構造	水はけと水もちがよい団粒構造を持つ土であること。
3 適正なpH 養分のバランス	土のpHが適正であり、作物にとって必要な養分量とバランスが整っていること。
4 生 物	さまざまな土壌微生物や小動物が棲みついていること。

以上のポイントから自分の菜園の土壌を診断して、よりよい土づくりに挑戦してみましょう。

第3章

土づくりと栽培の基本

畑の土づくりの大まかな流れとして、土の健康診断の結果をもとに、堆肥を投入したり石灰資材を入れてpHを適正にしたりしていきます。その後、作物が生育するときに必要とする養分を元肥として土に混ぜていきます。それぞれ1週間ほどあけて作業を行うのがベストなので、種まきや苗の植えつけの2〜3週間前から作業を始めましょう。

土づくりの手順

土を耕す目的

まず最初に畑の草取りです。大きな石、空き缶、ガラスのかけらなどを除いて草を取り、周囲に日陰を作るような木の枝が伸びていたら、その枝も落して陽当たりをよくします。

土を耕す目的は次のとおりです。

❶ 土を深くまでやわらかくし、酸素を入れる。
❷ 土の塊を砕いておくことで、その後の堆肥や肥料を施すさいに、土の粒子となじみやすくなる。
❸ 作土層を深くやわらかくし、作物の根が生長しやすくなる。
❹ 排水をよくする。

雨などで土が湿っているときを避け、適度に乾いているときに土の塊を細かく砕き耕します。晩秋から冬にかけて深く耕して山盛りにして寒さや風雨にさらしておくと、土の乾きもよく、雑草対策にもなります。

資材投入の順番

次に堆肥、石灰などの土壌改良材、肥料を施しますが、これは別々に施した方が問題が起きません。

石灰資材や熔《よう》リンと、チッソ分を含んだ堆肥や、アンモニアを含んだチッソ肥料をいっしょに施すと、反応してアンモニアガスになって逃げてしまうからです。

従って、堆肥→石灰資材→(熔リン)→肥料の順に1週間ほどの間隔をあけて施すと、安全で土によくなじみます。土づくりは作付けの2〜3週間前から行いましょう。

1
日陰になる
枝を切る

土づくりは草取り、ゴミ取り、枝払いから

2

堆肥を鋤き込みながら大きな土塊がなくなるように

3

石灰資材は堆肥と別に施し、すぐに耕起する

4

平らにして施肥に備える

ちゃんと平らにして
おかないと水がた
まりやすくなったり、
畝を上手に立てら
れないよ

堆肥を入れる

堆肥の役割と使い方

よい土の必要不可欠な条件が、団粒構造です。第1章でみたように、団粒が形成されるには、微生物が有機物を分解する際にできる“のり”が必要です。

自然の状態では、落ち葉や枯れ草などが堆積し、それを微生物が分解することで、自然に有機物が土に還元されます。しかし、人の手が加わった畑の場合、例えば野菜を収穫してしまうと、その分の有機物は外に持ち出されてしまうため、堆肥などの有機物を入れてやる必要があるのです。堆肥は有機物を微生物の力で発酵させたものであり、土づくりになくてはならない土壌改良資材です。

堆肥には園芸店などで入手しやすい、家畜ふんを主な原料にした牛ふん堆肥や鶏ふん堆肥、樹皮を主な原料にしたバーク堆肥、落ち葉堆肥の一種である腐葉土の他に、家庭でできる生ゴミ（食品廃棄物）を使った生ゴミ堆肥などがあります。

ひと口に堆肥といっても、原料によって使い方が違ってきます。上記の堆肥の中で、バーク堆肥や腐葉土など植物由来の原料を用いた堆肥は、あまり養分は少ないのですが、土をふかふかにする効果が抜群です。一方、動物由来の原料を用いた牛ふん堆肥や鶏ふん堆肥は、それに加えて、チッソ、リン酸、カリ、その他の肥料成分を土に補給する効果もあります。

使う量は、畑あるいは庭1㎡あたり、植物由来のふかふか堆肥は2～5kg、動物由来の肥料成分の多い堆肥は0.5～1kgが一般的な量です。

堆肥をもっと知りたい方、『イラスト 基本からわかる堆肥の作り方・使い方』をご覧ください

■ふかふか堆肥と肥料成分の多い堆肥

ふかふか堆肥
（腐葉土、バーク）

落葉、ワラ、モミガラ、バークなどを原料に使い、チッソ分が少なく繊維が多い。土づくり効果は抜群だが、これだけだとチッソ欠乏になりやすいので、肥料を補給する。

肥料成分の多い堆肥
（家畜ふん、生ゴミ）

牛ふん、鶏ふん、生ゴミ（食品廃棄物）などを原料にしたものは、チッソ分が多い。養分が豊富なので、肥料は控えめにする。

石灰資材を入れる

pHを1上げるために必要な石灰のめやす

(1㎡当たりの施肥量)

- 苦土石灰……… 200g
- 炭酸カルシウム… 200g
- 消石灰………… 160g
- 有機石灰……… 250g

※粘土質土壌の場合は、土壌粒子が小さく、粒子の周囲に石灰が多くつくため、上記の1.5倍の量が必要となり、逆に砂質土壌の場合は上記の半分の施用がめやすになる。

※有機石灰(カキ殻など)は効果が穏やかなため、pH5.0以下の強酸性土壌の矯正には向かない。

石灰資材の役割

石灰資材には、以下のような役割があります。

カルシウムやマグネシウムの補給

石灰資材の役割の一つは、酸性土壌化で失われたカルシウムやマグネシウムを補給することです。

カルシウムには、植物を丈夫にし、根の発達を促す働きがあり、マグネシウムには、リン酸の吸収を助けたり、植物体内の酵素を活性化させたりする働きがあります。これらを補って、作物の順調な生育を促します。

アルミニウムの害を防ぐ

酸性土壌では、土の中のアルミニウムが溶け出しやすくなり、これが過剰に起きると、根の生育障害を引き起こしたり、リン酸と結合して、作物が吸収するはずのリン酸分を奪ったりします。

石灰資材の投入によって、アルミニウムの害を防ぎます。

肥料分を吸収しやすくする

根は自ら有機酸を分泌し、ミネラル分を溶かして吸収していますが、土が酸性になると、この有機酸の働きが悪くなるため、肥料分を吸収しにくくなります。また、酸性土壌になると、有用な微生物も棲みにくくなります。根の周りの環境を整えるのも石灰資材の役割です。

■石灰資材の種類とその特性

石灰資材の多くは、石灰岩からできています。製法の違いによって効果が現れるスピードや効力に差がありますが、以下のものがあります。

ドロマイトから作られたもの

苦土《くど》石灰

pH調整と同時にマグネシウムの補給ができることが特徴です。じわじわと効いてくるので、施したあと、すぐに植えつけても根を傷めませんが、pH調整の効果を上げるために、植えつけの10日ほど前に施してやるとよいでしょう。

※ドロマイトとは、カルシウム（石灰）とマグネシウム（苦土）を含む天然鉱物

石灰岩から作られたもの

炭酸カルシウム（炭カル）

石灰岩を砕いて粉にしたもの。酸性土壌や根が分泌する有機酸に溶けて、ゆっくりと効いてきます。効果がでるまでに時間がかかるので、種まきや植えつけは、石灰を施してから10日ほどたってから行います。

消《しょう》石灰

生石灰に水をかけると発熱しますが、その過程でできるのが消石灰です。すでに水と反応しているので、水をかけても発熱しません。アルカリ性が強く、速効性なので生石灰と同じように、種まきや植えつけは、施してから2週間ほどたってから行ってください。

有機物から作られたもの

カキ殻

カキの殻の塩分を取り除き、乾かして砕いたものと、高温で焼いたものとがあります。

貝化石

海中の貝殻などが地殻変動の影響で化石化し、地中に堆積することでできた貝化石を砕いたもの。

苦土石灰は、雨で流れやすいマグネシウムを補給できるよ

石灰資材の施し方

植物の多くは、微酸性から弱酸性の土壌を好みますが、なかには酸性を好むものや、酸性でも十分育つものがあります。育てる作物の種類や土のpHの値によっては、必ずしも石炭資材を施す必要はありません。土の健康診断をして、pH調整が必要かどうかを判断しましょう。

❶ まず、種まきや苗の植えつけの2週間前が投入の目安です。強いアルカリ性の生石灰や消石灰は、施してからすぐに植えつけると根を傷めてしまい、炭酸カルシウムや苦土石灰は、効果が出るまでに時間がかかってしまうためです。

❷ 植物の種類によって好むpHは異なってくるので、育てるものに合わせてpHを調整します。一度に施せる量の目安は右表を参照してください。ちなみに、苦土石灰の場合、pHを1.0上げるための量の目安は1㎡当たり200g程度です。

❸ 石灰資材を施したら、よく土と混ぜてください。石灰が固まっていると、植物の根に害を及ぼすことがあります。

施しすぎに注意

やみくもな石灰の投入は、土のアルカリ化を引き起こします。いったんアルカリ化してしまうと、酸性を抑えることよりも難しいので、適切な量だけ使いたいものです。

混和したら必ずpHを確認してください。事前に決めた目標値（植物によって最適pHは違うので、あらかじめ適正な値を確認しておく）に達していない場合のみ、再度石灰を散布するようにします。

■主な石灰資材のアルカリ分と一度に施せる量の目安

種　類	アルカリ分（%）	施量の目安（g/㎡）
苦土石灰	53以上	200〜300
炭酸カルシウム	53以上	200〜300
消石灰	60以上	150〜220
貝化石	40〜45	240〜360
かき殻	40	240〜360

石灰資材は、空気や水に触れるとセメントのようにかたくなるので、畑に施したあとは、すぐによく耕すこと

アルカリ性土壌の改良

アルカリ性過度の障害

微量要素の中でも、鉄、マンガン、亜鉛、銅などはpHが上昇するほど溶解度が小さくなり、欠乏障害が起きる

酸性土壌よりも改良が難しい

降雨量の多い日本の土は通常酸性ですが、石灰質肥料の与えすぎなどでアルカリ性土壌になってしまうと、酸性土壌の改良よりも手間がかかります。アルカリ化してしまうと微量要素のなかで、鉄、マンガン、亜鉛、銅などの溶解度が小さくなり、さまざまな欠乏症状が出てきます。

アルカリ性の土壌を微酸性に矯正するのはなかなか大変ですが、下の方法が効果的です。

■アルカリ性土壌の改良

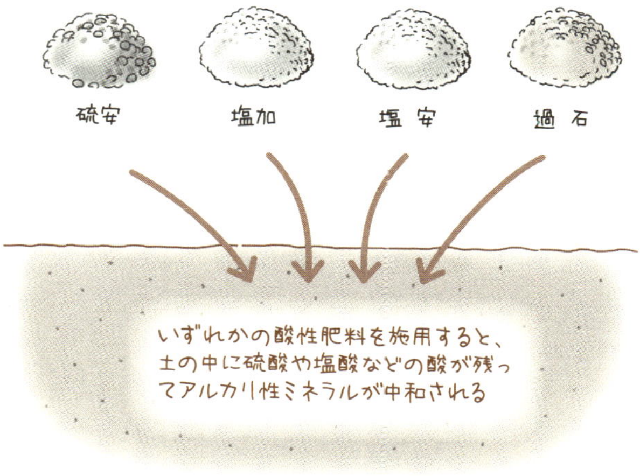

養分が貯まりやすいハウスやトンネル

日本では、通常の畑ではアルカリ性土壌になるということはまずありません。しかし、石灰資材を与え過ぎてしまった場合や、ハウス・トンネル栽培で、石灰分の雨による流失のない場合にアルカリ性土壌になることがあります。

過度のアルカリ性土壌の場合は、微量要素欠乏による作物の生育障害が起こりますので注意しましょう。

また、ハウス・トンネル栽培では、その他の養分の流失も少ないので、養分が全体的に残留しがちです。集約的な栽培をするため、ついつい肥料を大量に投入してしまいがちという傾向もみられます。

現在は露地で栽培していても、過去にハウスやトンネル栽培をしていた畑では、養分が過剰に貯まっている可能性が高く、注意が必要なのです。

■石灰分が流れにくいハウス・トンネル

ハウス・トンネル栽培では、土に雨が直接的に当たらないため、石灰分が流れにくく、アルカリ性に傾く場合がある

肥料を施す

畝の高さ

地下水が低い畑地では、特に畝を高くする必要はなく、せいぜい10cmほどで十分。地下水が高い畑地は水はけが悪いので、畝を30cm以上盛り上げて、根が張る作土層を広くとっておく必要がある。

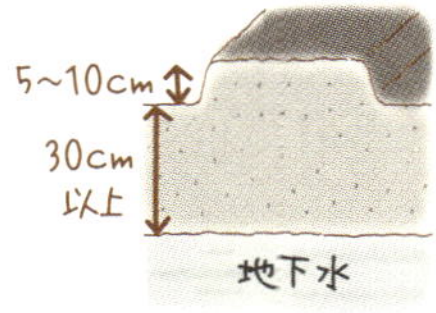

地下水が低ければ、特に高畝にする必要はない

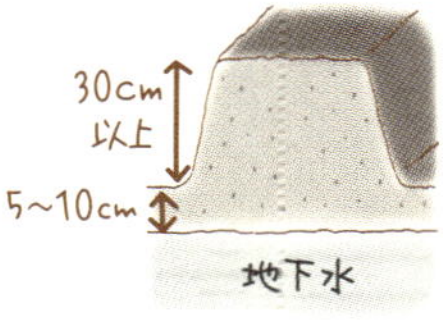

地下水が高ければ、低畝にすると湿害を受けるので、高く盛り上げておく

肥料で養分の最終調整を

堆肥を入れてふかふかにし、土のpHを調整すれば土づくりは終了しますが、種まきや苗の植えつけ前に、作物の初期生育に必要な養分を補うために、肥料（元肥《もとごえ》）を施しておきます。

堆肥や石灰資材にも養分が含まれていますが、最終的には前もって肥料を施すことで、土の中の養分バランスを整えます。特に、土の中に入れるとその場をほとんど動かないリン酸は、このときに必要量を入れておきます。

また、ポット苗を購入した場合、生産者の元で肥沃な用土で育てられているため、根鉢ごと植えつけると、ある程度はその肥料効果を保ちますが、やはりそれだけでは不十分です。植えつけ前に適切に肥料を施してあげましょう。

野菜づくりの場合は、元肥と同時に畝《うね》を立てておきます。そうすると、水はけがよくなったり、作土層が広がるため根の生育がよくなったりします。具体的な方法については、第6章（126ページ）に詳しく解説しています。

マルチングの効果

マルチングとは、ビニール、ポリエチレン、ワラなどで地表を覆うことをいいます。通常、一連の土づくりを終えた後に被覆して、種まきや苗の植えつけに備えます。

土の表面では乾湿の差が激しいので、せっかく土づくりで形成されていた団粒が壊れ、単粒化してしまいます。そうすると、水はけや通気性が悪くなってしまいます。その対策として、畝を立てた後、マルチングしておくと、土の乾燥を防ぐとともに、雨にたたかれて団粒が壊れるのを防ぐことができます。

このほかにも、マルチングには、土の温度を上昇させる、雑草や病害虫の発生を防ぐ、灌水による土の侵食を防ぐ、肥料の流亡や水分の蒸発を防ぐ、など多くの効果があり、作物の株がまだ小さいときは、特に有効な栽培方法です。

マルチの種類

マルチを張る場合、低温期には地温上昇効果の高い、透明、緑、黒色のものを使用し、高温期には稲ワラや刈草などの敷きワラや、シルバーマルチ、白黒ダブルマルチを利用するとよい。

畑のクリーニング

連作障害を防ぐために

作物を育てた後の土は、収穫のさいに出た残さが残り、雑草の種子や害虫の卵など、土壌病害が発生する危険性が高まっています。また、土壌中の肥料成分も偏っており、そのまま使うと生育不良を起こしてしまいます。連作障害の原因にもなるため、畑の土をクリーニングする方法を紹介しましょう。

クリーニングの具体的なポイントとして、①過剰に蓄積した養分を取り除く、②雑草の種子や害虫の卵などを消毒して死滅させる、という2つがあります。

リン酸は
雨にも流れにくく
その場を動かない
リン酸
チッソ
カリ
リン酸が蓄積した畑では、アブラナ科野菜根こぶ病や萎ちょう病、ジャガイモそうか病などが起こってしまうよ

作物に過剰な養分を吸収させる

野菜を作るなど何年も栽培した土は、肥料が過剰になっている傾向があります。特にリン酸は一度土の中に入ると雨にも流れにくく、ほとんどその場を動きません。そのため、こまめに堆肥や肥料を施してよい土と思っていても、養分が過剰の不健康な土になりやすいことがあります。

いったん養分過剰になってしまった畑を健康に戻すために、吸肥力の強い野菜を育てて、養分を吸収してもらうという方法があります。下図がその一例です。

❶トウモロコシを収穫
❷クウシンサイを播種。枝先を順次摘み取って、油いためにするとおいしい。
❸クウシンサイが硬くなったら抜き取って細く切り、土に鋤き込む。
❹ブロッコリーやカリフラワーを定植。2週間後が目安。

※どの野菜も肥料を吸収する力が強いので、畑のクリーニングになる。どの野菜も無肥料で育て、ブロッコリー、カリフラワーは生育が悪ければ、土寄せのときにチッソ肥料のみを投入する。

太陽熱でできる土壌消毒

すでに土壌病害が出ている場合は、真夏の晴天時に、土をよく耕してから水をたっぷりやり透明のマルチをかけて約1カ月間おく「太陽熱消毒」をおすすめします。農薬や熱水消毒装置を使わずに、簡単に行うことができます。

次のページに詳しい
作業内容が書いてあ
るから参考にしてね

太陽熱消毒

夏

1 米ヌカを散布する

・米ヌカの量は1a当たり20kgが目安。

・畑が乾いていたら、雨が降った後か、散水した後に散布する。

太陽熱消毒には
ある程度水分が
必要です

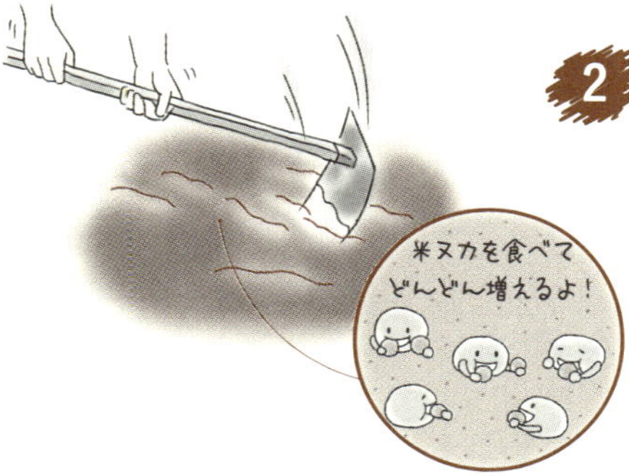
米ヌカを食べて
どんどん増えるよ!

2 しっかり耕して畑に混ぜ込む

・米ヌカをエサにして微生物が増殖する。

・前作の残さについていた病原菌はエサがなくなり減っていく。

3 畝を立ててマルチを張る

・作る作物に応じた高さと幅の畝を立ててマルチを張る。

・病害虫のほとんどは地温40～50℃以上で数日を経ると死滅するので、マルチは地表上昇効果の高い透明なものを使用する。

ポイント

マルチは地表にぴったりと張る

・地温を高めるために、マルチは土にぴったりと張る。

・マルチの端を足で踏みながら、端に土をかぶせてマルチを止める。

4 消毒後はそのまま作付ける

・20～30日間放置する。

・地表に近いほど消毒効果が高いので耕すと効果が薄れるので、マルチを使用する場合は、そのまま作付けする。

・マルチを使わない場合は、マルチ除去後、耕さずに作付けする。

冬の場合は…

■寒ざらし

冬の厳寒期に土を掘り起こしてそのまま放置させ、病原菌や害虫を取り除く。

コラム

土壌消毒のワンポイントアドバイス

消毒後、すぐには堆肥を施さない

キャベツやハクサイなどの根こぶ病や、多くの作物に発症する菌核病、苗立枯病など、土壌伝染性の病害には、太陽熱消毒などの土壌消毒が効果的で、土の中の雑草の種子や害虫の卵、幼虫を殺す働きもあります。
しかし、太陽熱消毒に限らず、熱水や薬剤による土壌消毒であっても一部の病原菌は生き残ってしまいます。そのため、太陽熱消毒が終わった後、すぐに堆肥や有機質肥料を入れると、それをエサに病原菌がふえてしまい、せっかくの消毒効果が薄れてしまいます。堆肥や有機質肥料は土壌消毒の前に、あらかじめ入れておきましょう。ちなみに、病原菌のエサにならない化学肥料は消毒後、すぐに使っても問題ありません。

太陽熱消毒後すぐに使うのは

太陽熱消毒の前に米ヌカを施すと効果的

米ヌカは有機物の中でも微生物のエサになりやすく、その増殖を促してくれます。そのため、太陽熱消毒の前に施用しておくと、増殖した病原菌を太陽熱で一気に殺菌することができます。
ただし、米ヌカはチッソやリン酸を多く含む有機質肥料です。次の作物の種まきや植えつけのさいに、米ヌカを散布していたことを考えずに肥料を施してしまうと養分過剰になってしまうので、注意が必要です。

第4章

鉢・プランターの土づくり

鉢やプランターを使ったコンテナ栽培は、庭先やベランダなど小さなスペースで野菜や花を作れます。また、移動させることも簡単にできるため、手軽な家庭園芸として広く親しまれています。よい土の条件は基本的に畑の場合と同じですが、コンテナ栽培の場合は通気性と水はけのよさが特に重要です。

コンテナ栽培の特徴

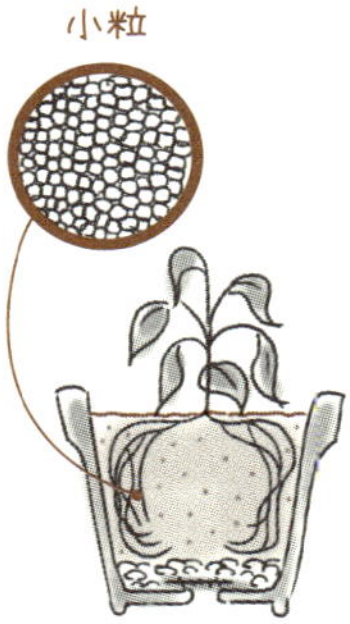

粒の小さな用土は水もちはよいが、酸欠になって根腐れしやすい。

土粒のすき間が大きいと水や肥料成分が流出しやすいが、新しい空気が入り、根は生長する。

コンテナでは根の張る場所が狭い

コンテナ栽培とはプランターや鉢など移動できる器での栽培です。従って、畑での栽培とコンテナによる栽培とでは、根の環境に大きな違いがあります。コンテナ栽培では根の張る空間が限られているため、肥料分も水分も酸素も不足がちになります。

根は養分と水を吸収して茎、葉に供給しています。根の活動エネルギーは、葉から供給される炭水化物を呼吸によって酸化して取り出しているので、酸素が不可欠です。プランターの場合は、根同士が酸素を奪い合って、どうしても酸素欠乏になりやすく、また、根はプランターの中でも比較的空気が多い底や周りに張っていきますから、老化・衰弱しやすくなります。根が衰弱すると植物の下葉から枯れてきます。

用土は水はけ重視

コンテナ栽培では培養土が少なく、プランター内の温度が上昇しやすいため灌水が不可欠です。しかし、コンテナ栽培の失敗で多いのは、水不足によって枯らしてしまうことと、逆に水の与え過ぎによる根腐れです。

灌水の回数を減らすためには水もちのよい粘土質の土を多く配合すればよいのですが、粘土質の用土は粒子のすき間が少なく酸素不足に陥ってしまいます。また、土の中がいつも水分の多い状態だと根は伸びません。

水がはけて土の中に酸素が多くなると根は伸び、肥料を吸収する細根や根毛も発達します。従って乾湿の差をつけて、表土が白く乾いたら十分に水を与えることがコツで、用土は水はけを重視するとよいでしょう。

こまめに追肥する

しかし、灌水の回数が多いと肥料が流れやすいため、こまめに追肥する必要があります。一度にたくさん与えても肥料分を保てる量が限られているので、肥やけしてしまう恐れもあります。追肥には薄い液体肥料か、効き目が緩やかな緩効性肥料を置き肥として施すとよいでしょう。

また、観葉植物のような永年植物では、1年ごとくらいに老化した根を切り、新しい培養土に植え替えると新しい根を張ります。古い用土に手を加えて、根を管理したいものです。

緩効性肥料で
置き肥

鉢やプランター
での栽培には
こまめな追肥を！

主な用土の種類と特性

数種の用土の配合が基本

用土の量が限られるコンテナ栽培では、酸素を十分に供給することが必要で、水はけがよく、水もちも保肥力もある用土が理想的です。そのためには数種類の用土を配合して用土を作ります。

また、未熟堆肥や有機質肥料は、病原菌が狭い容器内に蔓延するので厳禁です。必ず腐熟したふかふかしたものを使用してください。

■ 主な用土の性質

水もち、保肥力がよい用土	水はけのよい用土
赤土、畑土、黒土、粘土	赤玉土、鹿沼土、軽石、砂礫
↓	↓
粉状で重い	粒状ですき間が多い
保肥力UP 水もちUP	水はけUP

ベースとなる基本用土

コンテナ栽培で使うベースとなる土は、赤土、黒土、畑土、赤玉土、田土、再生土などです。これらは安価でしかも大量に手に入り、水もち、保肥力がよい土です。

これらの土に、腐葉土、ピートモス、完熟堆肥などを、およそ6対4の割合で加えるのが基本です。これらの植物質の用土は、水はけ、通気性をよくし、微生物も増やし、さらに水もちも保肥力もあります。

ただし、植物用土は時間の経過とともに機能が低下していきますから、1年後くらいに土壌消毒を施し（86ページより参照）、新たに腐葉土や赤玉土等を加えれば再利用できます。

基本用土を補う調整用土

コンテナ内の用土に、ゼオライト、バーミキュライトやモミガラ、ヤシガラ活性炭などの調整用土を5～10％ほど加えることで、通気性や水もちをよくし、アンモニアを吸着するなど根腐れ防止効果があります。

用土の種類は
次のページに
一覧でまとめ
てあるよ

■ おもな調整用土

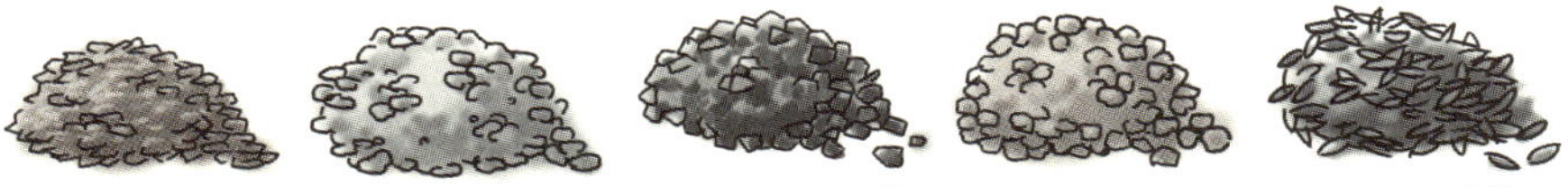

バーミキュライト　パーライト　ヤシガラ活性炭　ゼオライト　モミガラ燻炭

■主な基本用土の特性

用土名	通気性	保肥性	水もち	特性
赤土	△	◎	◎	有機物を含まない粘質の火山灰土で弱酸性。リン酸分を多く施す必要がある
赤玉土	◎	◎	○	赤土を大、中、小、細の粒径によってふるい分けたもの。保肥性がよい
鹿沼土	◎	◎	○	栃木県鹿沼市周辺の関東ローム層の下から採取される。酸性は強いが、通気性はよい
黒土	△	◎	◎	有機物を多く含み、軽くてやわらかい火山灰土。「黒ボク土」ともいう。保肥性がよい
田土	△	◎	◎	「たつち」と読む。水田の下層土や河川敷の沖積土で、保肥性に優れている
日向土	◎	◎	○	別名・ボラ土。日向砂ともいう。黄褐色の軽石で通気性がよく、ラン類、山野草、盆栽向き
川砂	◎	△	△	産地により矢作川砂、富士川砂、天神川砂などがある。通気性の改良にも向く
桐生砂	◎	△	○	赤褐色の火山砂礫で、鉄分を多く含む。盆栽、山野草などにも用いられている
富士砂	◎	△	△	山野草栽培、ロックガーデン向き。通気性向上の改良材としても多用される
山砂	△	◎	◎	各地の山から採取される砂で、芝生の目土用でおなじみ
軽石	◎	△	△	多孔質で通気性がとてもよいのでコンテナの底に敷くゴロ石として使われることが多い
水苔	◎	○	◎	オオミズゴケやフサミズゴケを乾燥させたもので、通気性も水もちもよい

■主な改良用土の特性

用土名		通気性	保肥性	水もち	特性・注意点
植物用土	堆　　肥	◎	◎	○	ワラ、落葉、牛ふんなどの有機物を腐敗・発酵させたもの
植物用土	腐 葉 土	◎	◎	○	広葉樹の落葉を堆積して発酵させたもの。市販品は品質にかなりばらつきがあるので要注意
植物用土	ピートモス	◎	○	◎	湿地の水苔が堆積して腐熟したもので、腐葉土代わりに用いられる。酸性なので、酸度調整済の製品を使うとよい
調整用土	バーミキュライト	◎	◎	○	ヒル石を約1000℃で焼成加工したもの。黒土、田土などの重い土との併用は避ける
調整用土	パーライト	◎	△	△	真珠岩を砕き、約1000℃で加工したもの。通気性、排水性に優れている
調整用土	燻　　炭	◎	○	○	モミガラを蒸し焼きにして炭化させたもの。通気性を改善してくれるので、黒土や田土のような基本用土に混ぜて使う
調整用土	ヤシガラ活性炭	◎	○	○	ヤシガラを蒸し焼きにして炭化させたもの。有害物質の吸着作用があり、通気性もよくするので、燻炭と同じように使う
調整用土	珪酸塩白土	◎	◎	○	特殊な粘土を加熱して、不純物を取り除いて精製したもの。保肥性が高く、根腐れ防止効果も
調整用土	ゼオライト	○	◎	○	沸石という天然鉱物。保肥性が高い。根腐れ防止に鉢底に敷くこともある
調整用土	ココピート	◎	○	○	ココヤシの果皮から作られたもので、ピートモス代わりになる。軽量で使いやすく、通気性がよい

バーク

樹皮を粉砕したもの。通気性に優れておりラン類の用土に使われる。また、大きい破片は観葉植物の鉢上に敷き詰めると水はけ、通気性にもよく、見栄えもよい。

育てる植物で使う用土は違う

一般に野菜類は肥料吸収量が多く、保肥力のある用土が適しています。腐葉土の代わりに牛ふん堆肥を加えても効果があります。

観葉植物や草花などの多くは、肥料分はそれほど多く必要としません。保肥力よりは水はけを重視します。特にラン類は水はけのよい環境を好みます。カトレアなどの着性ランは、気根と呼ばれる根が空気中の湿気を吸収するだけでも育つので、通気性のよいバークや軽石を用土にします。

盆栽も保肥力は不要で、水はけのよい赤玉土の細粒や砂を用土にします。

■ 育てる植物により用土を変える

ライフスタイルに合わせた用土配合

コンテナ栽培での失敗は、水を与えすぎて根腐れを起こす場合と、水を切らして枯らしてしまうこと。栽培する植物の種類によっても違いはありますが、むしろ、自分がこまめに水をやらないと気がすまないタイプか、水やりがルーズなタイプか、を知って、基本用土を多めにしたり、腐葉土を多めにしたりして、配合を調整するのも一つの方法です。

■ ライフスタイルにより用土の配合を替える

水やりこまめ派

水を与えすぎて枯れてしまう…

水やりルーズ派

水を切らして枯れてしまう…

鉢とプランターの選び方

コンテナの材質の特性

コンテナには、一般的に鉢とプランターがありますが、材質は主に素焼き製かプラスチック製か、いずれかを選ぶことによって、用土の配合を変える必要があります。

コンテナの底が重要

鉢やプランターの底の排水孔は、排水だけでなく空気の取り入れ口でもあるので、目づまりに注意しましょう。素焼き鉢の場合は低温で焼いているので、密度が低く見えない穴が無数にあります。そのため、鉢の壁面に水が浸透し、外壁から徐々に蒸発していくため、透水性がよいという長所があります。

最近は、軽くて安価で壊れにくいプラスチック製の鉢やプランターが主流になっていますが、プラスチック製は透水性がないので、水はけがとても重要です。鉢の底3分の1程度までゴロ石を入れ、その上に培養土を入れます。土の表面とコンテナの淵までは3～4㎝のウォータースペースをとっておくことも大切です。

コンテナの材質に
合わせた灌水処理
を考えよう

■ コンテナの種類と長所・短所

プラスチック製の鉢　プランター

長所 安価でこわれにくい
短所 透水性がない

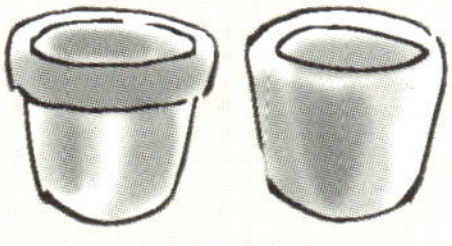

駄温鉢　素焼鉢

長所 透水性がよい
短所 重くてこわれやすい

化粧鉢

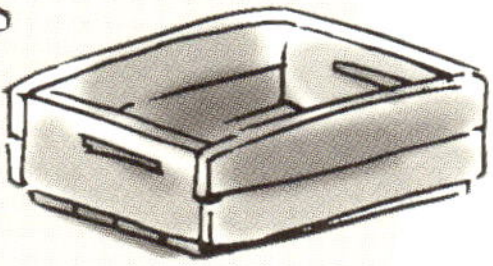

ウッドコンテナ

長所 透水性がよい
短所 重くてこわれやすい

肥料袋

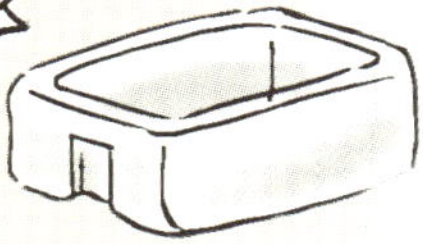

トロ箱

長所 廃物処理ができ、容量が大きい
短所 見ばえ、排水が悪い

■ 水はけをよくするための工夫

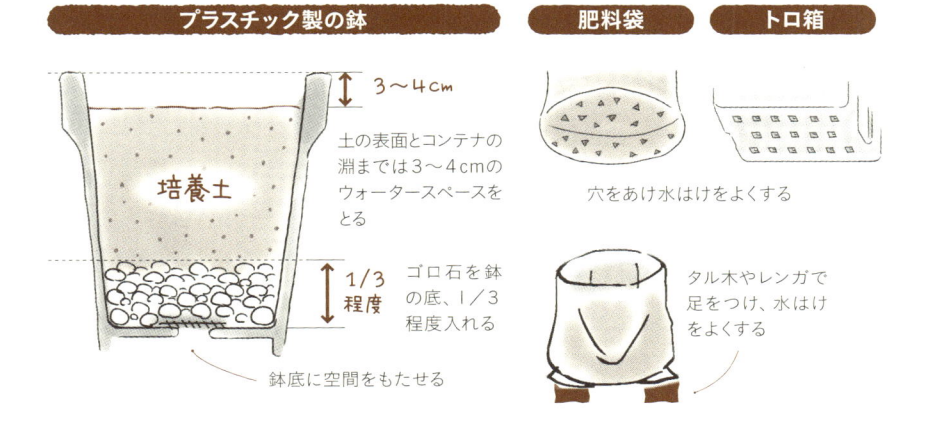

プラスチック製の鉢

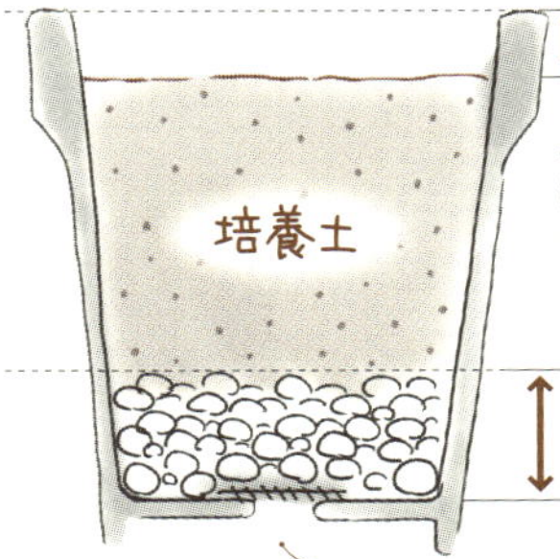

土の表面とコンテナの淵までは3〜4cmのウォータースペースをとる

ゴロ石を鉢の底、1／3程度入れる

鉢底に空間をもたせる

肥料袋　**トロ箱**

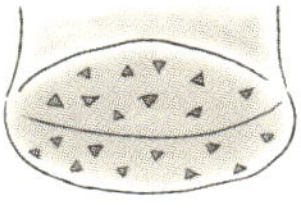

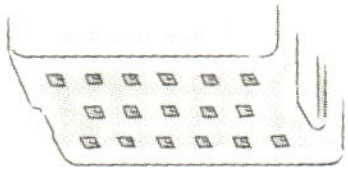

穴をあけ水はけをよくする

タル木やレンガで足をつけ、水はけをよくする

植物の生育に合わせて鉢替えをする

大きな鉢で培養土が多い方が水もち、保肥力がよく、植物は大きく育ちます。しかし、小さな苗のうちから大きな鉢に植えると、鉢の中心部は温度が上がりにくく、水や空気も入りにくいため、根は鉢の周囲に張ってしまって、中心部に伸びていきません。

鉢全体に根を張らせるために育苗ポットから中鉢へ、中鉢から大鉢へ、と植物の生育に合わせて植え替えをしましょう。

■ 生育に合わせた鉢の植え替え

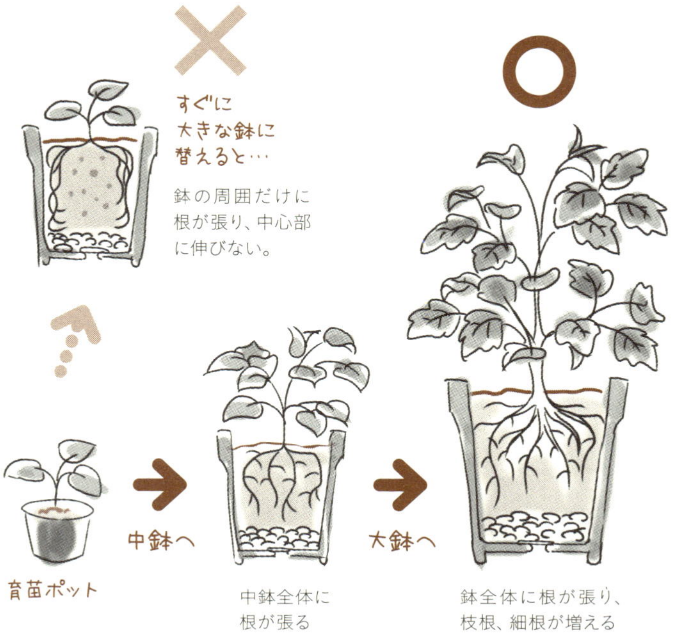

鉢の周囲だけに根が張り、中心部に伸びない。

中鉢全体に根が張る
鉢全体に根が張り、枝根、細根が増える

植え替え、鉢替えの用土の注意点

植え替え、鉢替えのときの用土は、元のものと同じ培養土を使う。

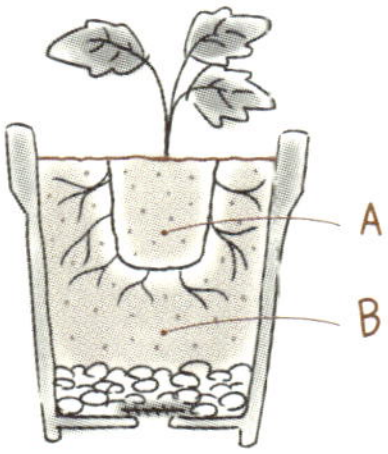

AとBは同じ培養土を使用

鉢替え時期の目安

鉢底の排水孔から白い根が出てきたら鉢替えの適期。鉢から抜いてみると、根が全体に張りつめている。鉢替えが遅れると根が老化して生育が落ちてしまう。

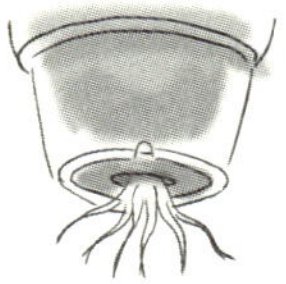
排水孔から白い根が出たら鉢替えの目安

植物と鉢の大きさの関係

　コンテナの大きさは、植物の生育や草丈に合わせて決めていきますが、根は地上部を支える役割があるので、通常は地上部が大きくなるものには大きな鉢が必要になります。

　トマト、ナス、キュウリなどの夏野菜を初めて栽培する人は、これら果菜類の生育期間が長く、根も太く深く張るので、肥料や水の吸収量がとても多いことを留意しておいてください。およそ1株あたり10〜20ℓの培養土が必要になります。

　葉菜類でも大きくなるハクサイやキャベツや、ダイコン、ジャガイモなどの根菜類も深さが必要のため、10ℓ以上の培養土が必要となります。

　しかし、小さな鉢に植えて、あえて小さく育てるというのも鉢植えの一つの工夫です。例えば、地植えだと２m以上にも生長するヒマワリを、５号鉢に植えると20㎝前後の丈で、小さなかわいいヒマワリの花が咲きます。

地植えだと2m以上にも生長するヒマワリが、5号鉢に植えると20cm前後の丈のヒマワリに

市販培養土を選ぶポイント

便利な市販培養土

栽培する植物に合わせて、すでに用土が配合された専用培養土も市販されています。購入時には以下の項目をチェックしましょう。

Check! 適合する植物

野菜用なのか草花用なのか、野菜用ならどんな野菜類なのかをチェックします。

Check! 肥料入りかどうか

肥料の有無をチェックします。肥料入りと表示されている場合は元肥を加える必要はなく、１カ月後に追肥をすればOKです。ただし、入っている肥料が緩効性なのか速効性なのか、有機質肥料なのか化学肥料なのかによって追肥の方法が違うので、ここも確認しておきましょう。

Check! 酸度調整済かどうか

酸度調整済表示がしてあれば、石灰類を加える必要はありません。pH調整をしていない場合は苦土石灰を加える必要があります。

Check! 培養土の配合材料

配合材料とその割合によって、水はけや保肥力が違ってくるので、必ず確かめてください。また、バーク堆肥などは腐熟の程度も確かめる必要があります。

Check! メーカー名および所在地

メーカー名、所在地の表示もチェックしてください。

■ 市販培養土の見方

便利な市販培養土ですが、値段の高いものが多いので、土に慣れ親しんできたら身近に安く手に入る基本用土を使って、自分で配合してみるとよいでしょう。

用土配合の基本

基本用土の違いによる調整

日本の土に多い黒ボク土系の黒土、赤土、赤玉土は、リン酸の含有量が少ないので、リン酸を多めに施す必要があります。また、石灰分も少なく酸性になりやすいため、苦土石灰も補給してください。

粘土質の田土は、保肥力はあるのですが、通気性、水はけがよくありません。根腐れを起こしやすいという欠点があるので、腐葉土を40～50%加えて調整するとよいでしょう。

赤土・赤玉土・黒土 ― 熔リンを補給

熔リン 20g/10ℓ

- 熔リンだと酸性も矯正できる
- 大鉢、長期作物ほど大粒を
- リン酸の吸着力が強いので、過石も加える

田土 ― 腐葉土を多めに

腐葉土 40～50%

＋

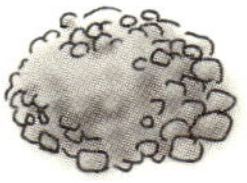

田土 50～60%

排水性、通気性が悪いので、腐葉土に助けてもらう

用土の特徴に
合わせて
調整してね

養分の多い用土を作る場合

鉢・プランターでの用土のブレンドは、基本用土6に対して、腐葉土などの植物用土を4加えて調整用土で補うと考えておけばよいのですが、もし、有機質肥料や石灰類を使って養分の多い用土を作りたい場合は、早めに配合して用土によくなじませておくことが大切です。特に油カスや骨粉など有機質肥料を元肥として使うときは、基本用土と混ぜて約１カ月ほど置いておき、適度に灌水して有機物の腐熟を促進させておきます。有機質肥料を使った用土配合の一例をみてみましょう。

骨粉

動物の骨を粉砕、加熱したもので、リン酸を多く含む。

1 基本用土に有機質肥料を混ぜて1カ月間腐熟させる

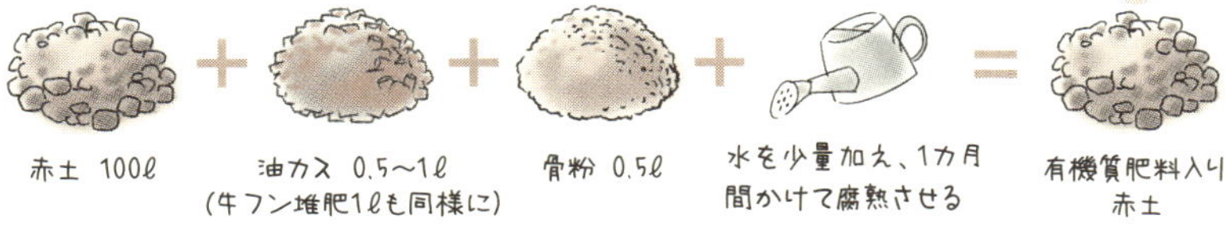

2 骨粉のかわりに過石（過リン酸石灰）を使うときは、腐葉土に混ぜておく

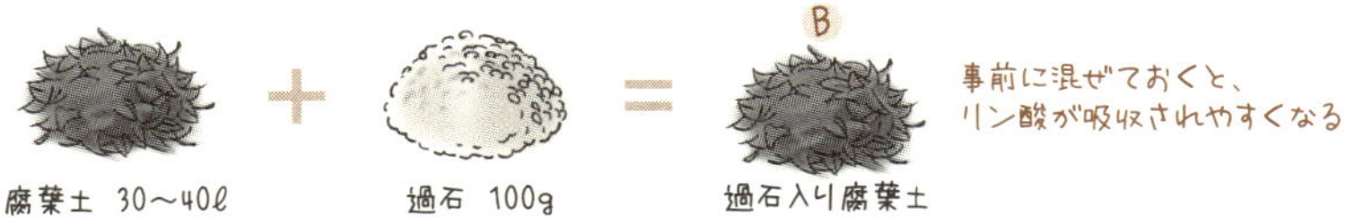

3 使う一週間前に苦土石灰を加え、配合する

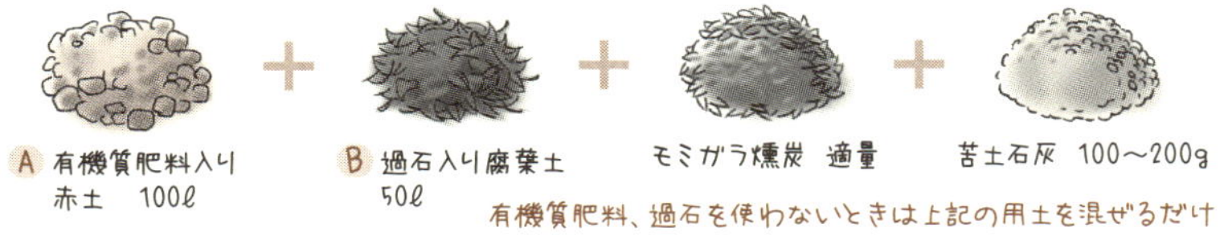

土の消毒

太陽熱で消毒する

いちご栽培に用いたコンテナ内の古土は、病原菌の増殖や侵入、感染を助長させる原因となります。かといって処分してしまうのはもったいないです。そのままでは使えませんが、土を太陽熱で消毒すれば、用土の材料として再び利用することができます。

■ゴミ袋や肥料袋を使った太陽熱消毒法

■プランター利用の太陽熱消毒法

1 前作の株を取り除き、落葉、枯れ草、石灰チッソを入れてよく混ぜる

落葉、
枯れ草などを
両手いっぱい

2 排水口をふさぎ、水をいっぱいにためる

3 ビニールフィルムで覆い、日当りのよい場所に置く。水が減れば追加。秋〜冬なら1カ月、夏では2週間。

4 水を抜き、用土を撹拌しながら2〜3回水を入れ替える

余分な
肥料成分などが
流れる

5 シートに用土をあけて乾かし、ベース用土として使う

あまり細かく
砕かないほうがよい

そのほかの手軽な消毒法

天日消毒

真夏、透明なビニール袋に全体を湿らせた土を入れ、コンクリートやアスファルトなどの上に厚さ10cmくらいにして日差しに当てる。袋の中の温度は60℃以上になる。1〜2日後に袋をひっくり返して、さらに1〜2日、日差しに当てれば完了。

熱湯消毒

土を容器に入れて、煮立った湯を土全体が浸るほど注ぐ。温度が下がるまで放置し、水を抜き乾いてから用いる。

コラム

再生土を使う

用土を配合してふかふかの土に

太陽熱で消毒された再生土は、病害虫の多くが死滅していますが、団粒は壊れて粉状になってしまい、通気性や水はけが悪くなっています。用土を配合してふかふかの土にして利用しましょう。

用土の配合例

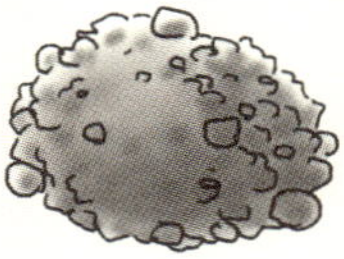

再生土：5

再生土は粒状のものも粉状となり、団粒もこわれやすくて、通気性・水はけが悪い

＋

赤玉土：2

通気性・水はけのよい赤玉土を基本用土としてプラスさせる

腐葉土：3

有機物である腐葉土を多めに入れて、土をふかふかにさせる。植物質の完熟堆肥でもよい

燻炭　少々

改良用土として入れて、通気性をよくする

第5章

肥料の基本と選び方

植物を元気に育てるために欠かせないのが肥料です。肥料は原料の違いによって、化学肥料と有機質肥料に大別されます。それ以外にも、含まれる成分の数、形状、効き方などによってさまざまな種類に分類されています。それぞれに特徴があるので、肥料を用途によって使い分けることが大切です。肥料の基本をしっかり学んでいきましょう。

土と肥料の関係

なぜ肥料が必要なのか

自然界の循環では、野生動物のふん尿や枯死した植物は土に返り、有機物となって土を豊かにしてきました。人は自然界が長年かかって作り上げた大地を畑に変えて、食物となる作物を栽培しています。収穫された作物は畑の外に養分を持ち出し、土に返しません。人が循環を途切れさせてしまっているのです。

そのため、畑に堆肥などの有機物を還元し、肥料を補給して豊かな土に戻すよう働きかけないと、土はやせてしまうのです。加えて現在の作物の多くは、自然のものに比べて、肥料をより好むように改良されていますから、畑には堆肥だけでなく、作物が土から吸収した肥料成分を補っていかなければ作物が育たないのです。

肥料は野菜づくり・花づくりのため

土づくりの目的は、作物が育ちやすい土壌環境にすることです。堆肥や腐葉土、石灰などの土壌改良材を施して、植物が栄養を吸収しやすい状態のふかふかの土を作ることが基本です。堆肥や腐葉土は、土の状態を改善することが主な役割です。

しかし、土の状態がよいだけでは、作物は思うように生長しません。野菜においても花においても、それぞれが必要とする養分、すなわち肥料を与える必要があります。これを「施肥《せひ》」といいます。

作物が生長するためには、チッソ、リン酸、カリの三要素とその他のさまざまな微量要素を必要とします。種まきや苗の植えつけ前に施す肥料を「元肥《もとごえ》」といい、生育途中で施す肥料を「追肥《ついひ》」といいます。よく堆肥と肥料を同じものと考えがちですが、堆肥は土づくり、肥料は野菜づくり・花づくりのためだと考えるとよいでしょう。

■作物が吸収して不足した養分を肥料で補う

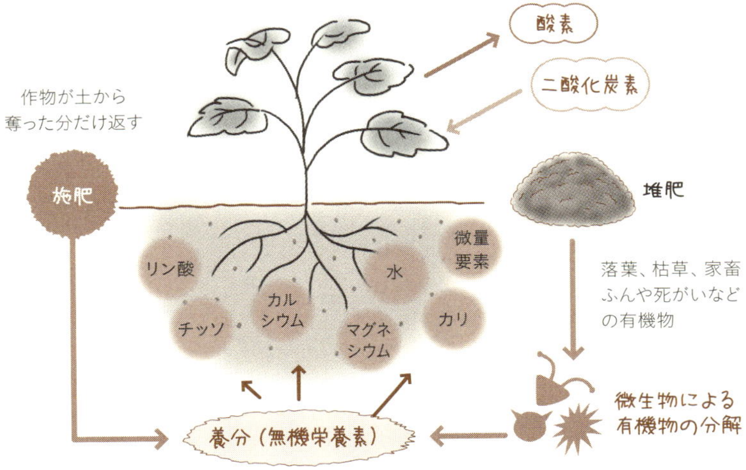

植物が必要とする元素の種類

必要とするのは17種類

植物が吸収する養分が無機物であることを明らかにしたのは19世紀半ば、ドイツの化学者リービッヒです。彼の無機栄養論により化学肥料が開発され、その後の農業が大きく変わりました。

現在、地球上には118種類の元素が見つかっていますが、人工的に作られたものも含まれるので、自然界だけでみると90種類くらいです。そのなかで植物の生育に必要といわれるのは、現時点では少なくとも17種類の元素で、それらを植物の必須元素または必須要素といいます。

必須要素のうち、水素、酸素、炭素は、葉や根を通じて吸収するので、通常は肥料として施しません。そのほかの14種類は、根から養分として取り込まれますが、これらは畑では人が補給しないと不足するので、肥料として施す必要があります。これらの元素は作物が吸収する必要量の大小によって、多量要素と微量要素に分けられます。

多量要素

10aあたりに5kg以上吸収されるもの。分類されるのは、チッソ、リン、カリのほかにカルシウム、マグネシウム、イオウ。

微量要素

10aあたりに100g以下しか吸収されないもの。塩素、鉄、マンガン、ホウ素、亜鉛、銅、モリブデン、ニッケル。

■作物の必須要素とその働き

種別		元素名（元素記号）	主な働き
水と空気		水素 (H)	水としてあらゆる生理作用に関与。炭水化物、脂肪、タンパク質など植物の体をつくる主要元素
		酸素 (O)	呼吸に不可欠。炭水化物、脂肪、タンパク質など植物の体をつくる主要元素
		炭素 (C)	光合成に不可欠。炭水化物、脂肪、タンパク質などの植物の体をつくる主要元素
多量要素	三要素	チッソ (N)	葉や茎の生育を促して植物体を大きくする。「葉肥」とも呼ばれる
		リン (P)	「花肥」・「実肥」とも呼ばれる。花つき、実つきをよくし、その品質を高める
		カリウム (K)	茎や根を丈夫にし、暑さや寒さへの耐性、病虫害への抵抗性を高める。「根肥」とも呼ばれる
	二次要素	カルシウム (Ca)	細胞組織を強化し、体全体を丈夫にする
		マグネシウム (Mg)	リン酸の吸収を助け、体内の酵素を活性化させる。葉緑素の成分。苦土《くど》ともいう
		イオウ (S)	根の発達を助ける。タンパク質の合成にかかわる
微量要素		塩素 (Cl)	光合成に働く酵素に関与する元素
		ホウ素 (B)	根や新芽の生長と花をつけるのに必要な元素
		鉄 (Fe)	光合成に必要な元素
		マンガン (Mn)	光合成やビタミン合成に必要な元素
		亜鉛 (Zn)	植物の生長する速さに関係する元素
		銅 (Cu)	花や実のつく成熟した株になるための元素
		モリブデン (Mo)	硝酸還元を行う酵素の成分
		ニッケル (Ni)	尿素をアンモニアにする酵素に含まれる元素

※必須要素に含められていないが「ケイ素」はイネ科の生育に重要

肥料の三要素

肥料として施す必要のある必須要素の中でも、特に作物が必要とするのが、チッソ(N)、リン(P)、カリウム(K)です。これを「肥料の三要素」といい、土の中や肥料では、リンはリン酸(P_2O_5)、カリウムは通常、カリ(K_2O)と呼ばれています。チッソはアンモニア態チッソ（NH_4-N)と硝酸態チッソ(NO_3-N）の２つの状態で存在しています。

チッソはすべての作物の茎や葉の生育に欠かせない成分で「葉肥」と呼ばれ、とても重要です。市販の配合肥料においてもチッソの含有量が基準となっています。

リン酸は主に花や実のつきをよくする働きがあり「花肥・実肥」と呼ばれています。特に夏野菜のトマト、ナス、キュウリなどの実どまりをよくするためには欠かせない要素です。

カリはすべての作物の根の生育に欠かせない成分で「根肥」と呼ばれます。作物が倒れたりしないよう丈夫に育てるために必要な要素です。

三要素の次に必要とされる要素は、カルシウムとマグネシウム、イオウです。これを「二次要素」あるいは「中量要素」といい、三要素と合わせて多量要素に分類されます。これ以外の元素は微量要素で、土の中にある程度含まれており、かつ、土壌改良のために施す堆肥などからも供給されるので、ふつうは肥料として施す必要はありません。

チッソ、リン酸、カリの3要素のほかにカルシウムとマグネシウムも大切だよ

■三要素を多く必要とする植物の部位

チッソ

すべての作物の生育に必要な成分で、「葉肥」といわれ、おもに茎葉を生育させる。不足すると、葉の色が薄くなり、生育が悪くなる。

リン酸

「花肥」「実肥」といわれ、おもに花や実の花つき、実どまりをよくする。不足すると葉が小さくなり、花や果実のつきが悪くなる。

マグネシウム

リン酸の吸収を高め、運ぶのを助ける。不足すると、下葉が落ちやすくなる。

カリ

「根肥」と呼ばれ、おもに根の生育に欠かせない成分。不足すると株の抵抗力が落ちて倒れやすくなる。

カルシウム

根の生育を促し、植物を丈夫にする。不足すると、ハクサイやキャベツなどの芯腐れ、トマトの尻腐れなどが起こる。

上の5つを合わせて、肥料の五要素ともいうよ。

養分は過不足がないように

不足する養分を補う

下図は植物と土の必須要素の比率を示したものです。右端の数値は植物が必要とする量を、土の中の含有量で割った値です。つまり、値が１以上

■植物と土の中の必須要素含有量とその比率（原表＝高橋英一）

	元素（要素）	植物	土	植物／土
		mg／kg		
多量要素	チッソ（N）	30,000	1,000	30
多量要素	リン（P）	2,300	650	3.5
多量要素	カリ（K）	14,000	14,000	1
多量要素	カルシウム（Ca）	18,000	13,700	1.3
多量要素	マグネシウム（Mg）	3,200	5,000	0.6 ※
多量要素	イオウ（S）	3,400	700	4.9
微量要素	鉄（Fe）	140	38,000	0.004
微量要素	マンガン（Mn）	630	850	0.74
微量要素	銅（Cu）	14	20	0.7
微量要素	亜鉛（Zn）	160	50	3.2
微量要素	ホウ素（B）	50	10	5
微量要素	モリブデン（Mo）	1	2	0.5
微量要素	塩素（Cl）	2,000	100	20
微量要素	ニッケル（Ni）	1	20	0.05

※マグネシウムは流出しやすいので、肥料として補う必要がある

であれば、植物が必要とする量が土の中の含有量より多いので、不足分を肥料として施す必要があります。なお、微量要素にも1を超えるものがありますが、少量のため、堆肥などで補えば十分です。

不足するとこんな症状が出る

必要とする量が多かろうと少なかろうと、必須要素が足りなかったり、あるいは過剰だったりすれば、作物も体調を崩してしまいます。土を見ただけではわかりませんので、まずは、作物の観察を通じて判断していきます。それぞれの肥料が、不足した場合に起こる症状変化の主な例をみていきましょう。

チッソ欠乏	全体的に生育が悪くなります。葉全体が黄色くなり、古い葉は落葉します。
リン酸欠乏	葉が濃緑色になり、葉柄が赤みもしくは紫色を帯びます。全体にツヤがなくなり、下葉は赤みがかり枯死・落葉します。
カリ欠乏	生育後期に下葉の周辺や先端が黄色または褐色に変化し、枯死・落葉します。
カルシウム欠乏	葉や根の先端の生長が止まり、葉の周辺が枯死します。トマトの尻腐《しりぐさ》れ、キャベツ、ハクサイ、タマネギなどの縁腐《ふちぐさ》れや芯腐《しんぐさ》れ、キュウリ、メロンなどの芯止《しんど》まりはカルシウム欠乏が原因です。

マグネシウム欠乏	生育が進むと、下葉の葉脈の間が数珠玉状に黄変し、ひどくなると落葉します。ダイコン、トマト、ナス、ダイズなどによく表われます。
ホウ素欠乏	茎の先端の生長が止まり、中心が黒変し、葉や葉柄がもろくなります。ダイコン、カブは中心が黒く腐ります。ハクサイ、セロリの心腐れもホウ素欠乏が原因です。
マンガン欠乏	新葉の葉脈の間が黄変して、葉脈に沿って緑が残るというのが特徴です。この現象は古葉には表われません。
鉄欠乏	新葉の葉脈の間が黄変して、徐々に葉全体が黄色になります。この現象は古葉には表われません。

微量要素の欠乏は、土のpHの変化によっても誘発されます。例えば、ホウ素は酸性土壌においては水に溶けやすく、アルカリ性土壌では溶けにくくなります。酸性下では雨水により流出し、アルカリ性下では水に溶ける量が少ないので、共に欠乏症が発生しやすくなります。

ホウ酸の欠乏は
いろいろ傷害が出る
ので注意しよう

ホウ素欠乏を生じやすい野菜

ダイコン

カブ

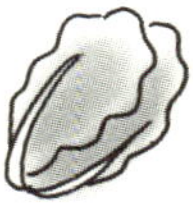
ハクサイ

キュウリ

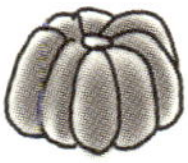
カボチャ

トマト…など

養分が過剰でも障害が起こる

植物が必要とする以上の養分が土壌中にあると、いろいろな障害が起きてきます。例えばチッソをやり過ぎると、葉全体が青緑色になり、茎や葉は軟弱になってしまい、病気にかかりやすいひ弱な作物になります。カリの過剰は、マグネシウムの吸収を阻害し、欠乏症を生じさせます。

リン酸はカリやチッソと比べると必要量は少ないですが、肥料としての重要性は高いです。リン酸は土の中のアルミニウムや鉄と結びついて、植物が吸収しにくくなるため、必要以上に施しがちですが、長期間、多量に施し続けると土の中に貯まって深刻なリン酸過剰症や土壌病害の発生要因となってしまいます。

養分のバランスが大切

家庭園芸では、資材コストを考えずに必要以上に肥料を与えすぎてしまいます。健康の基本が腹八分であるように、肥料は控えめにバランスよく施すのがよいのです。

通常、野菜畑のカルシウム、マグネシウム、カリの比が6：4：3に近いとき、養分吸収のバランスが良好に保たれるといわれています。要は、一方が多過ぎると他方の吸収を阻害するので、絶対量の問題ではなく、施肥のバランスが大切ということになります。

肥料の分類①

ー原料による分類ー

肥料には3つの分類がある

それでは、具体的に各肥料の特徴についてみていきましょう。

ホームセンターなどに行くとさまざまな種類の肥料が売られていて、どれを選んだらよいか迷ってしまいます。

いろいろな分類の仕方がありますが、大まかには、（1）原料による分類、（2）形状による分類、（3）効き方による分類に分けられます。

化学肥料と有機質肥料

まず、よく耳にする化学肥料と有機質肥料ですが、両者は原料が異なります。前者が空気や鉱石などの天然物を原料として化学処理を施すのに対し、後者は魚カスや米ヌカ、油カスなど動植物由来です。

化学肥料最大の特徴の一つは、施肥の効果がすぐに現われることです。施された肥料はすぐに土中の水に溶け、根がすぐ吸収できる形態になります。

有機質肥料の場合は、現われ方が全く異なります。土中に与えられても、すぐには根に吸収されることができません。微生物によって分解されてから、はじめて根に吸収される形となるのです。従って、肥料の効き目はゆっくりで、もしチッソやリン酸不足の症状が作物に現われたとき、あわてて有機質肥料を土に与えても効果は期待できません

しかし、有機質肥料には化学肥料にはない大きな利点があります。化学肥料の機能は養分の供給に限られますが、有機質肥料は肥料成分を穏やかに効かせながら微生物が有機物を分解することによって、団粒を形成したり、生物相の多様性を保持したりと多岐に渡ります。

また、化学肥料と有機質肥料の違いとしては、その肥料成分の数ということが挙げられます。化学肥料は基本的には作物の主要な肥料成分の一つか二つを含むに過ぎません。これに反して、有機質肥料に含まれる肥料成分は多様です。水分を除けば、炭素、ケイ酸、カリ、石灰、チッソ、リン酸、マグネシウム、マンガンなどが含まれています。

化学肥料の特質はその単純性にあり、有機質肥料のそれは、多様性にあるということができます。それぞれに長所が異なるので、両者をうまく組み合わせて使うのが、もっとも現実的なやり方だといえるでしょう。

上手に
有機質肥料と
化学肥料を
組み合わせて
使いこなそう!

5-4 肥料の分類①
—原料による分類—

有機質肥料はゆっくり効いて長もち

有機質肥料は、土の中で微生物によりタンパク質がペプチドからアミノ酸を経て、アンモニウムイオンや硝酸イオンに変換され、チッソ肥料としての効果を発揮します。

そのため、ゆっくりと効いて長もちすることが特徴なので、堆肥と同様に種まきや植えつけのときは2～3週間前に施して、土の中で分解させて、土になじませる必要があります。

■有機質肥料

肥料の種類	性　質	配合比	効き方	留意点
油カス	有機栽培のベースとなるチッソ肥料	チッソ分 5～7% リン酸 1～2% カリ分 1～2%	緩効性	施してから作付けまでに2～3週間が必要
骨粉（蒸製）	熔リンなみの緩効性リン酸	チッソ分 4% リン酸 17～24%	緩効性	水溶性リン酸を含む過リン酸石灰や草木灰との併用が必要。微生物の繁殖のために堆肥を混ぜる
草木灰	速効性のカリ、リン酸、石灰肥料	リン酸 3～4% カリ分 7～8% 石灰分 11%	速効性	硫安、塩化カリ、過リン酸石灰と併用しない。手づくりするなら化学物質や金属類などを取り除くこと
魚カス	味をよくする動物質の有機質肥料	チッソ分 7～8% リン酸 5～6% カリ分 1%	やや速効性	施してから作付けまで2～3週間が必要。鳥や虫の被害に注意。施し過ぎないようにする。カリ分はほとんどない
米ヌカ	堆肥・ボカシ肥の発酵材として最適	チッソ分 2～2.6% リン酸 4～6% カリ分 1～1.2%	緩効性	施してから作付けまでに3週間が必要。脂肪分が多く、分解が遅い。害虫、雑菌の巣にならないよう、混ぜる
乾燥鶏ふん	リン酸分の多い普通化成なみの肥効	チッソ分 3% リン酸 5～6% カリ分 3% 石灰分 9～14%	速効性	施してから作付けまでに3～4週間が必要。水分を吸収すると悪臭がする
発酵鶏ふん	リン酸分の多い普通化成なみの肥効	チッソ分 4% リン酸 7～9% カリ分 2.5% 石灰分 10～15%	速効性	施してから作付けまでに1週間が必要。肥料成分が多いので、一度に施し過ぎないようにする

化成肥料と単肥

次に化学肥料について、説明していきます。よく似た言葉に「化成肥料」がありますが、化学肥料と何が違うのでしょうか。

一言でいうなら、化成肥料とは化学肥料の一種です。肥料の三要素である、チッソ（N）、リン酸（P）、カリ（K）のうち、製造する過程で二要素以上を化学的に結合させたものです。もし、肥料袋に８－８－８と表示されていたら、N・P・Kの順番にそれぞれ８％ずつ含まれていることになります。

三要素の成分バランスが、このように一定のものを水平型と呼びますが、他にも、５－８－５などリン酸が多い山型、逆に10－２－８などリン酸が少ない谷型があります。

一方、化学肥料の中で、三要素のうち１つの成分しか含まない肥料を単肥といいます。例えば、チッソ肥料なら硫安や塩安、リン酸肥料なら熔リンや過リン酸石灰、カリ肥料なら硫加や塩加などがあります。

なお、複数の単肥などを単純に混ぜ合わせた肥料を配合肥料と呼びます。単肥のみをブレンドした「単肥配合」、粉状ではなく粒状に加工した「BB肥料」、有機質肥料をブレンドして、化学肥料と有機質肥料の特徴を併せ持った「有機入り配合」などがあります。

次ページに主な化学肥料について一覧にまとめてあるので、参考にしてみてください。

熔リンはク溶性化学肥料

化学肥料の多くは、土の中に入るとすぐに水に溶けて、素早く植物に吸収されるが、熔リンなどは水ではなく、クエン酸で溶ける。こうした化学肥料を「ク溶性化学肥料」という。植物は、根から根酸という有機酸を分泌し、これらの肥料を溶かして無機イオンに変えながら吸収する。

成分の数や
種類でいろいろ
あるんだな

5-4 肥料の分類① ―原料による分類―

■化学肥料（単肥）

肥料の種類		配合比	効き方	留意点
チッソ肥料	硫　安	チッソ分　21%	速効性	施すと酸性になる 肥効期間は１カ月ほど
チッソ肥料	塩　安	チッソ分　25%	速効性	施すと酸性になる 水に溶けやすい 少しずつ施さないと肥やけを起こす イモ類には不向き
チッソ肥料	硝　安	チッソ分　34%	速効性	土に吸着されず流亡しやすい 葉にかかると葉やけを起こす
チッソ肥料	尿　素	チッソ分　46%	速効性	中性 根が弱っているときは液肥の葉面散布が効果的 液肥での追肥も効果的だが施し過ぎに注意
チッソ肥料	石灰チッソ	チッソ分　21%	緩効性	毒性があるので注意 施肥のときは吸い込まないよう必ずマスクをする
リン酸肥料	熔リン	リン酸（ク溶性）　20% 苦土　15% ケイ酸　20% アルカリ分　50%	緩効性	硫安や塩安など酸性肥料に接して溶ける じっくり効いて長もちする 酸性土や黒ボク土の土づくりに向く
リン酸肥料	過リン酸石灰（過石）	リン酸　17～20% （水溶性リン酸　17%）	速効性	水に溶けやすいので短期作物によい 長期作物には熔リンと混ぜて（ほぼ同量ずつ）使うとよい
カリ肥料	硫酸カリ（硫加）	カリ分（水溶性）　50%	速効性	土を酸性にする 追肥に便利 ジャガイモ、サツマイモに最適
カリ肥料	塩化カリ（塩加）	カリ分（水溶性）　60%	速効性	土を酸性にする 吸湿性が強く葉につくと葉やけする イモ類は繊維質が多くなるので不向き

■化成肥料

	肥料の種類	配合比	効き方	留意点
肥料名	**普通化成**	チッソ分 8% リン酸 8% カリ分 6%	速効性	速効性で使いやすい 成分バランスがよく手軽で便利
	高度化成	チッソ分 15% リン酸 12% カリ分 15%	速効性	バランスがよく成分量が多いので、長く効く 施し過ぎないようにする

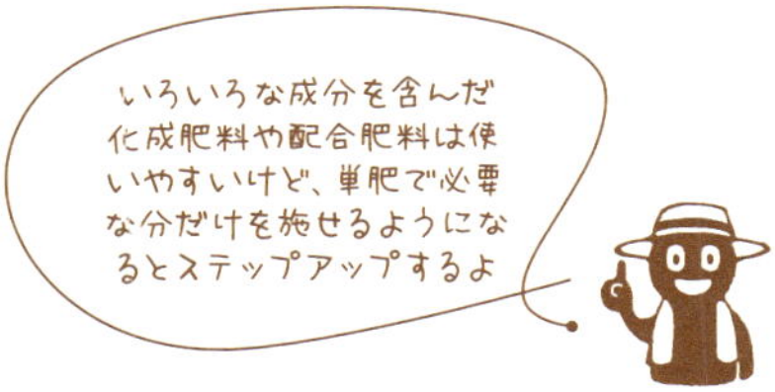
いろいろな成分を含んだ
化成肥料や配合肥料は使
いやすいけど、単肥で必要
な分だけを施せるようにな
るとステップアップするよ

■配合肥料

	肥料の種類	配合比	効き方	留意点
肥料名	**単肥配合**	チッソ分 7% リン酸 7% カリ分 7%	速効性	粉状配合肥料で種類が多い 吸湿性が高く、固くなりやすい 素材の混合割合を確認する
	BB肥料	チッソ分 15% リン酸 12% カリ分 10%	速効性	粒状なので、粉状に比較して扱いやすい 素材の混合割合を確認する
	有機入り配合	チッソ分 15% リン酸 12% カリ分 10%	速効性 ＋ 緩効性	単肥の速効性と有機質の緩効性を兼ね備えている 素材の混合割合を確認する

肥料の分類②
―形状による分類―

固形肥料と液体肥料

次に形状により肥料が固形か、液体かに分類されます。化学肥料でも有機質肥料でも、そのほとんどは固形肥料で、大粒、中粒、小粒、粉末など、粒の大小によって、たくさんの種類があります。

液体の状態で用いる肥料のことを液体肥料（液肥）と呼びます。原液や粉末状のものを水で希釈したり、市販されているそのままの濃度で使うものもあります。一般的には、化学肥料を原料として作られていますが、なかには有機質の材料を使った商品も販売されています。

また、液体肥料の一種で、肥料成分を根からではなく、葉から吸収させる葉面散布剤もあります。肥料成分の吸収や移行は物質によって差がありますが、チッソや微量要素などは根よりも葉面からのほうが吸収されやすいので、不足する成分を補う手段としての効果が期待できます。

形状によって効き方が違う

固形肥料は、土の中で溶けるまで時間がかかるので肥やけしにくく、肥ぎれもしにくいことが特徴です。効き方は遅めですが長期間持続しますから、元肥にも追肥にも使えます。

固形肥料は大粒であるほど肥料の効果は遅く、肥効期間は長くもちます。その逆に、粒が細かくなるにつれ、肥料効果は早く出ますが、肥効期間は短くなります。

液肥は、速効性はありますが、液体のため、土からすぐに流れ出てしまいます。肥ぎれしやすいので元肥には向いていませんが、水やりを兼ねた追肥に便利です。

■粒の大小による効き方が違う

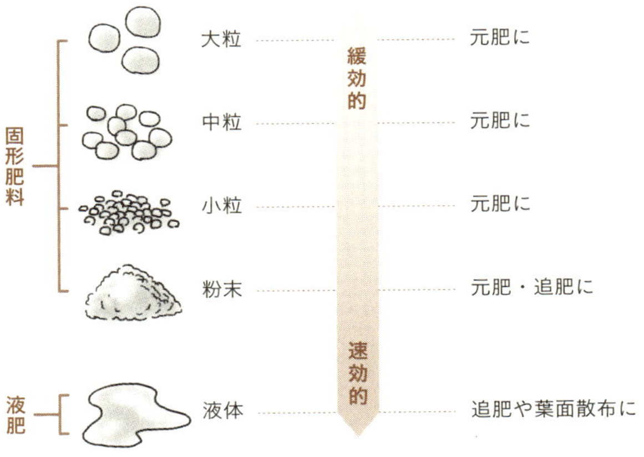

肥料の分類③
－効き方による分類－

速効性肥料の使い方

与えられた肥料がどれくらいの時間で効いてくるのか、その効き方によって「速効性肥料」「緩効性肥料」「遅行性肥料」の3つに分類することができます。

速効性肥料には硝安、硫安、塩安、尿素などの単肥や、化成肥料があります。これらの化学肥料は、肥料効果としてはすぐ効き、すぐ切れるというのが特徴です。

元肥、追肥のどちらにも向きますが、一度に多く施すと肥やけを起しやすく、また、土の中に残った肥料分が流亡して無駄になってしまうので、そのときどきに適正な量を施すようにします。

■速効性と緩効性を使い分ける

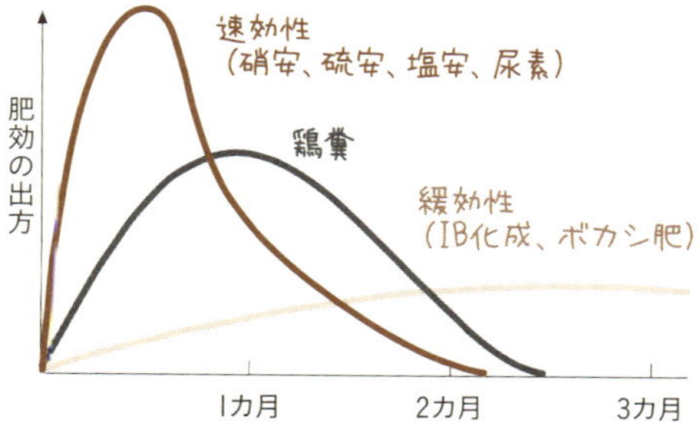

	速効性	緩効性
肥　効	すぐ効き、すぐ切れる	すぐ効かないが長もちする
向く土	壌土	壌土～砂土
元肥・追肥	元肥・追肥	元肥（全量元肥でもOK）
注意事項	一度に多く施すと肥やけしやすく流亡もしてしまう	速効性のものと組み合わせないと初期生育が悪化

緩効性肥料の使い方

緩効性肥料は少しずつ溶け出して肥料濃度を急激に高めることなく、じっくりと効果が持続します。その期間は種類によっていろいろありますが、おおよそ1～2カ月とみておきましょう。ですから、作物の生育期間にあった緩効性肥料を元肥に使えば、追肥なしに肥ぎれも肥やけもなく育てることもできます。

しかし、追肥をせずに全てを元肥のみでまかなう場合、溶け出し方は天候や灌水の仕方によって変動し、作物のほしいときに、必ずしもちょうどよく溶け出してくれるとは限らないという問題も出てきます。必要なときに不足したり、必要でないときに効いてきたりすることがあり、特に生育初期には効き目が悪く、不足することが多いようです。

そうした問題をクリアする意味で、緩効性肥料は元肥をベース肥料として必要量の50～70％ほど施したうえで、速効性の化成肥料を補ったり、生育を見て化成肥料や液肥で肥料成分の不足分を追肥したりしていく方が無難です。

また、作付けの2～３週間前に施しておけば効果も早まります。

緩効性肥料と速効性肥料を組み合わせたほうが確実な施肥管理ができるよ

遅効性肥料の使い方

有機質肥料の大部分が遅効性肥料のタイプです。土の中の微生物が有機物を分解することによって肥料としての効果が出てくるためです。

土の温度によって効果の出方が大きく異なり、25℃以上では緩効性肥料と同じような効果を示しますが、10℃以下では効果の出方が遅くなるので、果樹や庭木のように、冬に生育が緩やかになる作物の「寒肥《かんぴ》」や「お礼肥《れいごえ》」として、温度の低い時期に使います。

■タイプ別の肥料効果の違い

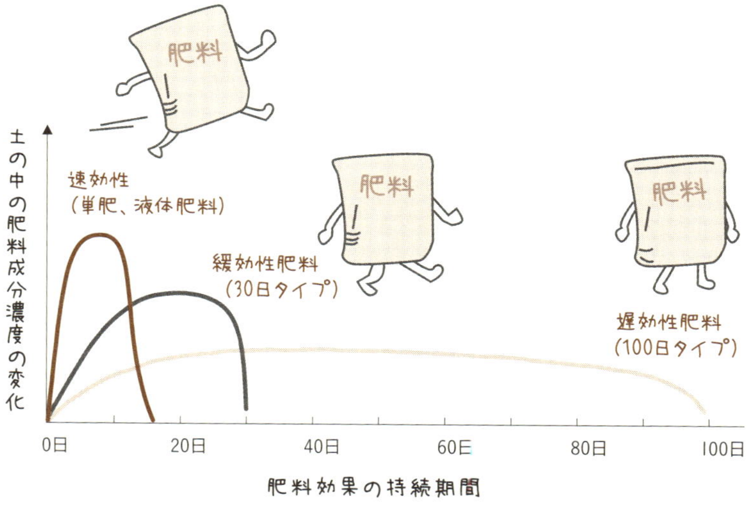

肥料改良による効果の現れ方に注意

本来、有機質肥料はほとんどが遅効性・緩効性で、化学質肥料は速効性です。しかし、近年では、化学質肥料でもゆっくりと効く「IB化成」など、緩効性に加工されたものも多く出回っています。有機質肥料でも発酵油カスやボカシ肥など、速効性を持つ肥料があります。

また、有機質肥料と化学質肥料を混ぜ合わせた配合肥料も多種ありますから、混ぜられている肥料とその含量を必ずチェックするようにしましょう。

■肥料袋で効き方をチェック

肥料の種類や成分含量、業者名、生産年月日などを肥料袋に記載することが法律で義務づけられています。下図のように、効き方の速さについても表示されています。また、成分含量「15ー15ー15」と記載されていれば、チッソ、リン酸、カリがそれぞれ15％含まれていますので、1袋が20kgならば、この中の三要素は、それぞれ3kgということになります。

N・P・K
15・15・15

速効性
肥料の効く速さも示しているのでチェックしよう

ラベル
「生産業者保証表」「販売業者保証表」などが表示されている。多少の専門的な知識があれば、より詳しい肥料成分についてもわかる

肥料の種類別一覧

（縦軸：成分要素数　多い／少ない　横軸：野菜に効く速さ　遅い→）

ボカシ肥・発酵有機質肥料

- **すぐに効き、約1カ月間効果が持続する。元肥にも追肥にも使える**
- **有機質が原料なので、多くの元素の補給にも役立つ**

油カスや鶏ふん、米ヌカ、骨粉などのさまざまな有機物を混ぜて発酵させ、肥効をぼかした（穏やかにした）もの。三要素をバランスよく含み、微量要素も豊富。有機物が土壌改良にも役だち、地力をつける

緩効性化成有機配合肥料

- **すぐに効き、長期間効果が持続する。**
- **三要素だけのものから、微量要素や腐植などを含むものまで各種ある**

粒状やタブレット状で、表面をコーティングして肥料分が少しずつ溶け出すように調節し、すぐに、しかも長く効く。微生物によって分解されるタイプもある。元肥に使うと、追肥の手間がかなり省ける。三要素がバランスよく含まれ、二次要素、微量要素が添加されたものも多い

有機質肥料（単一原料のもの）

- **非常にゆっくり効いてくるので元肥に使う**

ナタネ油の搾りカス、魚の乾燥粉末など動植物に由来する有機物。チッソやリン酸分が多い。施してから微生物によって分解され、その後に植物が吸収できるようになるので、元肥として用いる。発酵、分解中は熱やガスなどが出て、野菜に悪影響を与えるので、種まきや植えつけの少なくとも2週間前には施しておく

過リン酸石灰　水溶性のリン酸が主体

リン鉱石に硫酸を反応させ製造したもの。過石とも略される。水溶性のリン酸を多く含み、速効性がある。元肥にも追肥にも使える

熔リン　ク溶性のリン酸が主体

正しくは熔成リン肥といい、含むリン酸のほとんどが水に溶けにくいタイプで、速効性はない。カルシウムやマグネシウムなども含む。

石灰チッソ　肥料と薬剤効果を併せ持つ

チッソとカルシウムなどを含み、これらを施用する肥料と土壌消毒剤としての効果がある。施肥直後は、毒性のある物質が発生するので、施してから7～10日の期間をあけて作付ける。腐熟を促進させる効果もある

化成肥料（一般的なもの）

●すぐに効き、約1カ月は持続する。元肥、追肥に使える

粒状が多く、三要素がバランスよく含まれるが、リン酸を含まない「NK化成」もある。また、チッソ成分が急に溶けださない物質を配合した「IB化成」やマグネシウムやカルシウムが加えられたものもある。三要素の合計が30％以上のものを「高度化成」、それ以下のものを「普通化成（低度化成）」というが、家庭菜園では多少多く施しても障害が出にくい、普通化成を使うのがおすすめ

液体肥料

●すぐに効果は出るが、長くは持続しないので追肥専用

●三要素だけのものから、微量要素やアミノ酸などを含むものまで各種ある

液状や粉末状で、水で希釈したり、溶かしたりして使う。一般には無機質からつくられた液状複合肥料だが、100％有機質に由来するものもある。速やかに吸収されて効果が現れるが、長くは続かず7〜10日。水やりを兼ねた追肥によい

草木灰　カリが多く、リン酸も含む

草や木を燃やした後の灰。水溶性のカリが多く、速効性がある。酸性土壌の改良効果もあるが、過剰に施すと土壌がアルカリ化するので注意する

焼成骨粉　リン酸が非常に多い

豚や鶏の骨を1000℃以上で焼成したもの。リン酸が主体なので、ほかの肥料と合わせて使うことが多い

葉面散布剤

●根ではなく、葉から吸収するので超速効性

●単肥から含有要素が多いものまである

液体肥料の一種。水で希釈して葉面に散布して吸収させる。肥料成分の吸収・移行は物質によって差があるが、チッソ（尿素）や微量要素、アミノ酸などは、根よりも葉面からのほうが吸収されやすいので、補助手段としての効果が高い

単肥

●すぐに効き、効果は1カ月ほどなので、元肥、追肥に使える

●1つの要素しか含まないので、ほかの要素を含む肥料と組み合わせて使う

無機質で、速効性。三要素それぞれを含む単肥を組み合わせて元肥、追肥の量を決めると、むだのない肥料設計ができる。硫安と尿素はチッソ肥料、硫酸カリウム（硫加）はカリ肥料

速い

肥料を選ぶポイント

「思い込み」にとらわれず使い分ける

よく、せっかく自分で野菜を作るなら、安全で安心な有機栽培に取り組んでみたいと、化学肥料は絶対に使いたくないと考える人がいます。しかし、化学肥料を“悪”と考えるのは、根本的な誤りです。

化学肥料はたしかに化学工場などで作られる肥料ですが、原料はすべて天然のものです。例えば、チッソ肥料は大気中に含まれるチッソガス、リン酸肥料はリン鉱石、カリ肥料は岩塩などです。地球の空気の約７割はチッソですが、植物は空気中のチッソをそのままでは利用することができません。リン鉱石の中にあるリン酸もほとんど効きません。そこで、化学的な処理をして、肥料効果を高めたのが化学肥料なのです。必要以上の量を与えると、作物にも環境にも悪影響を与えてしまいますが、作物の味や収量をよくするといった利点の方がはるかに大きいのです。

一方で、有機質肥料は動植物由来なので環境にやさしいと思われがちですが、必ずしもそうとはいえない場合があります。

もし、海外から輸入された原料から作られた有機質肥料を畑に施した場合、外国の養分を日本に持ち込んでいるという見方ができ、必ずしも環境によいとはいえないのです。しかも、有機質肥料のほとんどに、土から流出しにくいリン酸を多く含んでいるので、使い続ければ、当然リン酸過剰になってしまいます。むしろ、化学肥料である尿素などを必要なだけ施すほうが、環境への影響は少ないのです。

化学肥料と有機質肥料は、それぞれに特徴があるので、善悪の思い込みにとらわれず、有効に使い分けていきたいものです。

単肥を上手に活用する

肥料は、土の保肥力に合わせて、作物が必要とする分だけを与えるのが鉄則です。初心者には、チッソ・リン酸・カリをバランスよく含んだ化成肥料などの複合肥料が使いやすいのですが、土の状態や育てる作物によって、必要な肥料成分は変わってきます。

そこで、上手に使いたいのが単肥です。単肥は、肥料成分が１つしか含まれておらず、作物にとってどの要素が必要なのか、そのときどきで考えなければなりません。しかし、逆に考えれば、必要な量を必要な分だけを与えることもできます。

単肥を使いこなして肥料やりの上級者をめざしましょう。

コラム

肥料の購入と保存法

肥料は必要な分だけ購入し、1年以内で使う

一般的な野菜なら、10㎡あたりの春・秋作で必要なチッソ成分は200～500g

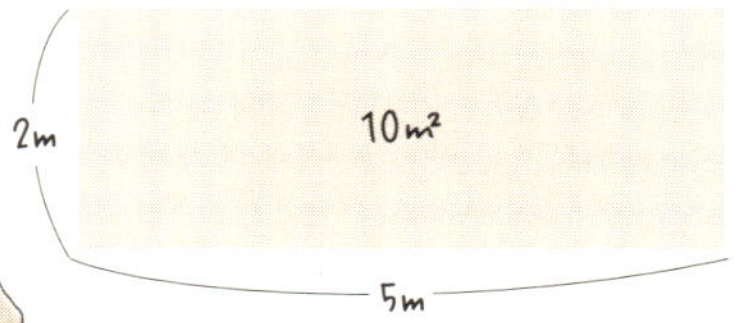

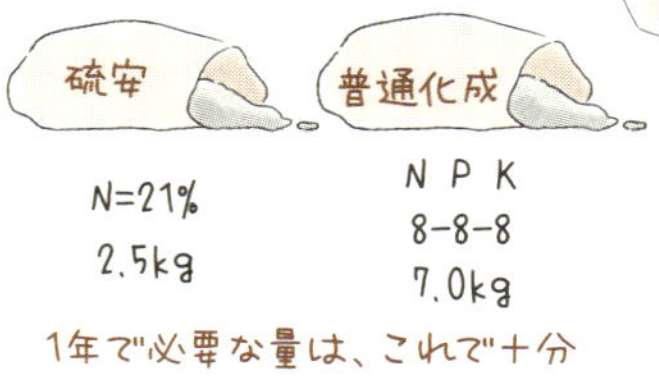

肥料は密閉し、日陰で保存

湿気を吸いやすい硝安、塩安、塩加、過石（固まりやすい）など

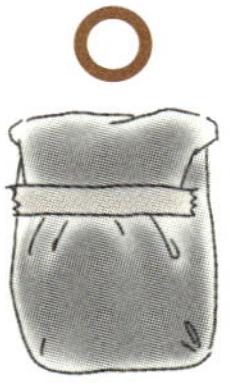

ビニール袋や
ポリ袋に入れ
完全密閉する

紙袋ではダメ

高温では脱窒する硫安などのアンモニア系肥料

高温だと
アンモニアが
抜けていく

ネズミに食べられる有機質肥料(油カス、米ヌカ、魚粉)

防ネズミ！防虫！
防腐敗！

第6章

肥料の使い方

施肥は作物の収量だけでなく、野菜なら味を、花ならみばえを左右する大切な作業です。使い方を誤ると作物の生育だけでなく、環境にも悪い影響を与えてしまいます。施肥の基本は必要なときに必要な分の量を与えていくこと。しっかり学んでワンランクアップの家庭園芸をめざしましょう。

基本的な使い方

適正な施肥量を守ろう

肥料は使い方次第で毒にも薬にもなります。家庭園芸では面積が少ないため、とかく過剰施肥になりがちです。過剰施肥は作物に悪影響を及ばすだけでなく、水に流れやすいチッソは地下水汚染の原因にもなってしまいます。

第2章で学んだ土の健康診断をして、土の状態を知ったうえで、土づくりをしていきます。土の保肥力を高めながら、養分バランスを整えていきます。作物の必要量は、決まっていますから適正な施肥量を守りましょう。

肥料の種類や、同じ肥料でも粉状、粒状で量が違ってきますから、ひと握りの量を測って、1回に施せる量を体験的に覚えておくとよいでしょう。

ちなみに、化学肥料のひと握りは50～60gほどです。

施肥設計の基本

施肥の基本は元肥と追肥に分けることです。土の保肥力は決まっているので、その範囲に抑えて、消費されて足りなくなったら補っていくのです。

施肥の前に土づくりをしっかりと行う

化学肥料主体の施肥は効率がよいが、土づくりがしっかりできていないと作物がだんだん作りにくくなる。したがって微生物を増やす堆肥を毎年必ず施すことが必要。家畜ふん堆肥や生ゴミ堆肥を施したときは元肥の量を控えて生育をみてから追肥すること。

有機質肥料は種類ごとに成分が異なるので、入門者は、まず化学肥料の基本的な使い方から学んでいきましょう。土づくりが完了している場合の施肥の基本は、リン酸は必要全量を元肥に、チッソとカリは生育期間が２カ月以上になる作物は元肥として半分施して、あとの半分は追肥で１カ月おきくらいに１～３回に分けて施すという使い方が基本です。

生育期間が1カ月くらいなら元肥だけで十分

化成肥料の使い方

化成肥料は成分バランスがよく便利です。化成肥料を使う場合は、元肥のチッソ成分を基準に元肥の量を計算し、リン酸分がそれだけでは不足するときは過リン酸石灰（過石）で補います。

チッソの必要量は作物によって違いますが、標準は大体1㎡あたり10～15gなので、10g程度を元肥に、残りを１回５gをめやすに追肥すればいいでしょう。また、追肥はリン酸分は必要ないので、三要素の入った化成肥料よりもチッソとカリだけのNK化成が無駄がなくおすすめです。

単肥の使い方

硫安、硫加などの単肥では、それぞれの量を計算し混合して施します。三要素の成分量を自分で計算しなければなりませんが、追肥においては作物の状態に合わせて、不足分を無駄なく施せる利点もあります。

作物ごとの施肥量の違い

おいしい野菜は“チッソがじわじわ”

作物が順調に生育するには、チッソ、リン酸、カリの三要素が不可欠です。中でも、野菜のおいしさで特に関係が深いのがチッソです。

有機栽培の野菜がおいしく、化学肥料を使うとあまりおいしくないのではないかと、と思っている人が多いようですが、いずれの栽培法をとるにせよ、おいしくて栄養価の高い野菜を作るなら、チッソをじわじわと効かせて、野菜をゆっくりと生育させればよいのです。

もちろん、有機質肥料は遅効性なので、野菜をおいしくするのに適した肥料なのですが、過度に与えすぎれば、養分バランスを崩してしまいます。しかも、元肥として有機質肥料を与えていても、チッソは切れてしまうことがあるので、そのときは、速効性の化学肥料で補います。必要なときに必要な分を与えることが大切です。

それは、花もまた然りです。きれいな花を咲かせたいのであれば、「花肥」「実肥」と呼ばれるリン酸が花をつけるときになければなりません。

作物の生育に合わせて、肥料の種類、施肥量を考えていきましょう。

生育期間が2カ月を超える作物には、元肥に半量、追肥で半量が基本

タイプ別の肥料の効かせ方

施肥の基本をベースに、葉菜はチッソ主体、根菜はカリ、果菜・花はリン酸を多くなど、育てるものによって肥料成分のバランスを考えましょう。

また、野菜の生育期間によっても肥料成分のバランスを考えて施肥しましょう。

生育初期に施肥タイプ

初期生育が旺盛なので、元肥を主体に施します。生育期間が長い作物には適量の追肥が必要です。

カブ、レタス、ホウレンソウ、タマネギ、ハクサイなど。

コンスタントに追肥タイプ

夏野菜のトマトやナスなど、果菜類には生育期間を通して追肥が必要です。追肥は少量ずつ回数を多く施します。

他にピーマン、ネギ、セロリ、ワケギなど。

生育後期に追肥タイプ

初期の生育が遅い作物やつるボケしやすい野菜には、元肥を控えめにして、生育中期から後期に追肥で調整します。

イチゴ、ブロッコリー、カボチャ、ダイコン、ゴボウなど。

肥料の量を決める

栽培にあたって、過剰施肥を避けるために、それぞれの具体的な量を覚えておきましょう。

各都道府県では、その地域の気象や土壌の条件に合わせて、主な作物ごとに肥料を施す量や施す時期のめやすを作成しています。基本的には、そのめやすに従って施せば、適正な量を守ることができます。一例として、下の表を参考にしてみてください。

■主な作物1㎡あたりの施肥量のめやす（南関東の黒ボク土の場合）

		葉菜類			根菜類		果菜類		
種類		ツケナ類	レタス ネギ ホウレンソウ など	ハクサイ キャベツ ブロッコリー など	ダイコン カブ など	ニンジン	トマト ナス など	キュウリ マクワウリ など	エンドウ エダマメ など
成分量	チッソ(N)	15g	20g	25g	20g	20g	25g	25g	10g
	リン酸(P)	15g	15g	25g	20g	25g	30g	25g	15g
	カリ(K)	15g	15g	20g	15g	20g	25g	20g	10g

生育期間と肥料の必要成分

作物は生育期間によって、それぞれ必要な養分を吸収します。茎や葉がのびる時期にはチッソ、花や実がつく時期にはリン酸、根菜が生育する時期にはカリを吸収します。それぞれの時期に適切な養分を吸収できるよう、肥料の施し方に気をつけましょう。

■作物の生育期間と養分吸収のバランス

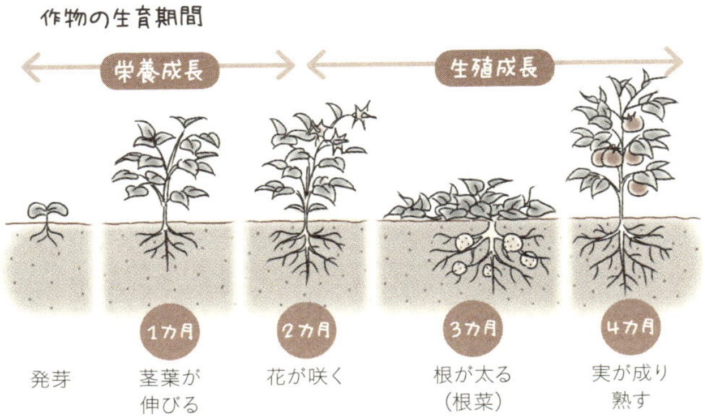

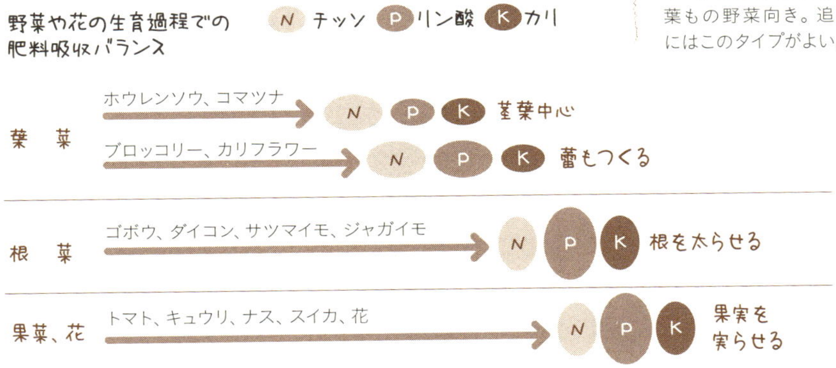

■作物別肥料成分のバランス

【水平型】

チッソ、リン酸、カリをバランスよく与える。元肥に使用するとよい。

【山型】

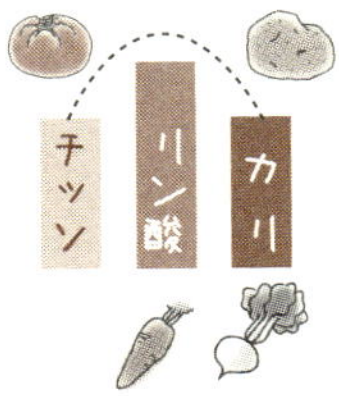

リン酸を多めに与える。果菜、根菜、花などに。

【谷型】

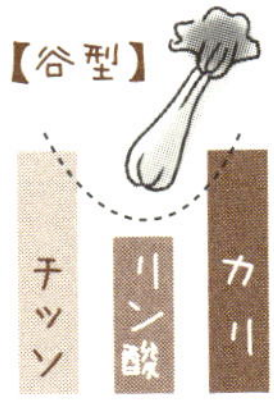

リン酸を控える。短期の葉もの野菜向き。追肥にはこのタイプがよい。

季節による施肥量の違い

春と秋は多めに与える

肥料の必要量は、季節による寒暖や地域による気温の違いによって異なります。土の温度によっても施肥量は違ってきます。作物の育ち具合をよく見て追肥のタイミングを間違えないようにしましょう。葉の色が濃く、茎葉がしっかりしているうちは、追肥の必要はありません。

基本的に気候が穏やかで育ちやすい春と秋に多めに施していきます。

作物の生育期。
肥料は多めに。
春
作物の生育は穏やか。
肥料は少なめに。
冬
日照りが強いので、肥料よりも水分補給を。
夏
秋
作物が育つのに適した気候。
肥料は多めに。

季節の差や地域による気温の差で肥料の量が変わってくるよ。

早春 ～初夏

作物がもっとも生育しやすい季節です。気温が穏やかで心地よく、微生物の活動も活発です。雨も多く作物も生育旺盛なので、肥料を速やかに吸収できます。肥料は多めにしましょう。

初夏 ～盛夏

日照りが強く日照時間が長いので、水分不足になりやすく作物はバテ気味です。葉がしおれているときには肥料よりも水を欲していることが多いので注意が必要です。肥料は少なめにしましょう。

初秋 ～秋

気温も日照も適度で育ちやすい季節です。秋雨や台風などの時季でもあり、大雨の後は肥料が流れやすいので、適宜追肥をしましょう。肥料は多めに施します。

冬 ～初春

気温・地温ともに低く日照時間も短いので、作物の生育は緩やかです。肥料の吸収量も少ないですから、一度にたくさん施すと生育不良の原因になります。肥料は少なめにしましょう。

春 秋 肥料：多めに

肥料の吸収も良く、
微生物も活発

夏 肥料：少なめ

肥料より
水分不足に注意!

冬 肥料：少なめ

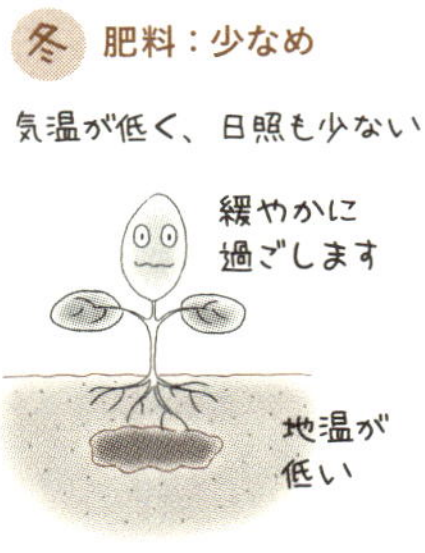

肥料の吸収量が少ない
ので少なめで大丈夫

元肥の施し方

全面施肥と作条施肥

元肥は施し方で効果が違ってきます。野菜づくりの場合、元肥の施し方には大きく分けると全面施肥と作条《さくじょう》施肥（溝施肥、植え穴施肥）の2通りがあります。

全面施肥

全面施肥とは畑全体に肥料をまいて、よく耕し混ぜ込む方法です。肥料がすぐに土となじんで効きめが早く現われるので、広い畝の畑に向きます。

また、コマツナやホウレンソウなど根が浅く広く伸びる葉菜類や、ダイコン、ニンジンなど根菜類に向いています。

作条施肥（溝施肥、植え穴施肥）

元肥を追肥ができない根の下部に入れる施し方です。作物の根が伸びる下層部に溝を掘って、肥料を投入します。投入したら土とよく混ぜ、根が肥料に直接触れないように、肥料の上に10～15cmほど土をかぶせてから種をまいたり、苗を植えつけたりします。全面施肥よりも肥料の量が少なくすみます。

溝施肥とは、畝を立てる前に畝の中央になる部分に溝を掘り、その中に肥料を施して埋め戻して畝を立てる方法です。畝上に植える作物の間隔は50～60cmほどがよいでしょう。

植え穴施肥とは溝施肥の一種ですが、畝を立て、植え穴を深めに掘って肥料を施し、土と混ぜ合わせてから少し埋め戻す方法です。どちらも根が深く張ってから肥料が効いてきます。養分の濃度が高いと根が深くまで伸長せず発達が貧弱になるので、根との距離を少しおくことがポイントです。

トマトやナスなど果菜類の苗を植えつける場合に向いていますが、同じ果菜類でもキュウリは、根が浅く広がるので、全面施肥が向いています。

■全面施肥と作条施肥の施し方

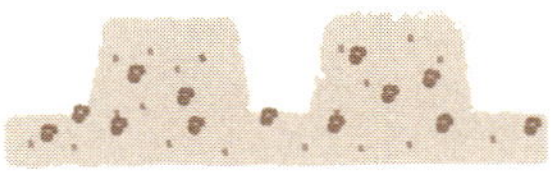

全面施肥

畑全体に肥料をまいてよく耕して、均一になるように土となじませる

作条施肥（溝施肥）

作物の根から伸びる下層部に溝を掘って、肥料を投入する

■花の場合

畝を立てずに土全体に混ぜ込み、穴を掘って30cmほどの位置に置く

元肥にはゆっくり長く効く緩効性肥料を入れてやると効果的だよ！

追肥の施し方

追肥の基本

追肥は作物の生育中に足りない養分を追加で施すことが目的なので、一般に、有機質肥料などの効き目の遅いものは使用せず、速効性のある化学肥料や液体肥料を使います。

追肥の施し方には、穴肥、溝施肥、バラまきの方法があります。施すコツは、肥やけや葉やけを避けるよう、株元ではなく、これから根が伸びる株の間や、畝の両側の肩や通路に施すことです。

また、無駄なく速く効かせるには、施す部分に浅く溝を掘り、肥料を施した後、土に混ぜるようにして土で覆っておくと効果的です。土が乾いているときは追肥後、灌水すると効き目が速くなります。

穴肥、溝施肥、バラまき

穴肥は、生育期間の長い野菜に与える追肥の方法で、株から離れたところに穴を掘って埋める「待ち肥」のことをいいます。果菜類など、株と株の間が比較的距離がある作物に用います。

溝施肥は、株から離れたところに溝を掘り、そこに肥料を入れる追肥の方法です。ネギやダイコンなど、条《すじ》状に植えた作物に用います。

バラまきとは、タマネギやネギなどの苗に上から肥料をばらまく方法です。施肥後はふるいで上から土をかけます。

■追肥の施し方

穴肥

生育期間の長い野菜向け。株から離れたところに穴を掘り、埋め戻す。

20〜30cm

溝施肥

条状に植えたときに。株から離れた所に溝を掘り、肥料を入れて土をかける。

20〜30cm

バラまき

苗など、まだ生育初期のときに。
肥料をまいたところには、ふるいでまんべんなく土をかけておく。

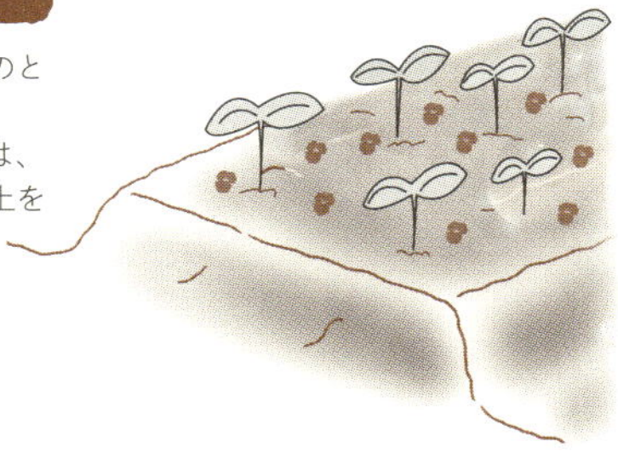

花の追肥

水で薄めて与える（液状）

土の表面に置く（錠剤）

株から20〜30cm離れた位置に溝を掘ってまく（粒状）

追肥後灌水すると早く効くよ！

追肥はどこにやれば効果的？

植物は、根から土の中の水分や養分を吸収しますが、けっして根全体から吸収しているわけではありません。その多くは、生長している根の先端近い部分から吸収しており、その部分の細胞からは、「根毛」と呼ばれる、ごく細かい毛状の突起が伸びています。根毛があることによって、根の表面積を広げ、効率よく、水分や養分を吸収することができるのです。

植物の根の先端は、地表の横に伸びた枝先から、垂直に地面に下ろしたあたりにあるとされているので、それが追肥をする場所としての、一定のめやすとなります。

トマトやキュウリなどの果菜類のように、枝を切って仕立てられたものは、実際にはもっとずっと外側まで根が伸びていますが、畑では隣の株や他の作物との距離的な関係もあり、畝の肩に施すのが一般的です。ちなみに、生長したトマトの根は、直径２mほどに広がっています。

追肥をするさいには、植物がもっとも吸収しやすい場所をしっかり考慮して、施してあげるようにしましょう。

こんなとき追肥は禁物

作物の生育に必要なものは、養分以上に太陽と二酸化炭素と水が大切です。土の中の養分が十分でも、低温や曇天が続くときや水不足のときは、肥料の吸収量も少なく生長も鈍くなります。地温が低いと微生物の働きも鈍り肥料の分解も悪く、養分吸収は低下します。寒い冬に肥料を施しても効果が期待できません。

当たり前のことですが、水不足でしおれているときは肥料よりまず水です。酸素不足で根腐れが発生したり、病害虫による被害を受けたときも、肥料は禁物です。このようなときに施肥をすると、かえって根が弱ってしまいます。

生育期間の長い作物は、葉の色が褪《さ》めてきたら追肥が必要です。例えば春植えのナスなどは、梅雨入り、梅雨明け、初秋と3回位追肥が必要になります。

しかし、葉の色が落ちてきたからといって、それがチッソ不足によるものか、根が弱っているからなのか、リン酸やカリが不足しているためなのか、よく見極めて追肥しないと失敗します。

タイミングよく、必要な分だけ少しずつ施し、じわじわと効かせるのが追肥のコツなのです。

追肥を控えないといけないときがあることを覚えておこう!

液体肥料の施し方

水代わりに施す液肥

液体肥料（液肥）は非常に速効性の高い肥料です。固形肥料を適切に土にまくと、水に溶ける時間が必要になるのですが、液肥はその時間を短縮できるため、効果が早く現れるのです。主にポット苗やベランダなどでのコンテナ栽培での追肥に使いますが、春など作物の生育が旺盛なときに、元肥の肥効が現れず、すぐに効かせたいときにも重宝する肥料です。

規定の濃度に薄めれば、根や葉に直接かかっても心配ありません。余分なものは流れ出るので、灌水の代わりに施します。それだけに肥効は長続きせず、１週間くらいしかありません。生育を見ながら１週間おきに施す必要があります。

液肥の種類や作物の種類によって希釈倍率が違うので、それぞれの液肥に記載された倍率を守り、そのつど必ず必要な量の水に液肥を入れて薄めます。梅雨時や生育が旺盛なときはやや濃いめに、乾燥しているときは薄めにして回数を多く施すのがコツです。

液肥はチッソ、カリ主体

骨粉、過石などリン酸肥料を元肥に施しておけば、液肥での追肥もチッソ、カリを主体とすれば十分です。リン酸は流れにくいので、追肥でチッソ、カリを補ってやればよいのです。

ただし、草花やランなどでは、花芽ができる前後は、チッソは切らし、リン酸を効かすとよい花芽が付くので、そのころにリン酸の多い液肥を使うと効果があります。

■液体肥料の薄め方

必要な水量に
規定の量の液肥を入れる
スポイト
ポリバケツ
5ℓ

水量を示す線を書いておく

ティースプーン
すり切り1杯は2cc（g）

6cm
4.6mm

長径4.6mmのストローでは6cmで1cc（g）※

※ストローを使って口で吸うなどすると、大変危険です。

濃度	水量（ℓ）	液肥cc（g）
500倍	1	2
	5	10
	10	20
1000倍	1	1
	5	5
	10	10

生育盛期・梅雨時ー多少濃いめに ／ 乾燥期・秋ー多少薄めに

液肥に水を加えて
溶かすのはダメ。
必要な水量に規定
量の液肥を入れる。

ボカシ肥の使い方

家庭菜園の追肥に便利

ボカシ肥とは、油カス、骨粉、米ヌカ、牛ふんなどの植物質や動物質の有機質肥料を積み重ねて発酵させた肥料のことをいいます。これらの有機質肥料に土壌改良資材（木炭、ゼオライトなど）や土を混合する方法もあります。

ボカシ肥は発酵させてあるために、土中の微生物の働きを促進する効果もあり、畑に施してから比較的早く効きます。また、肥料効果は緩やかに少しずつ効いてくるので、生育障害を起こさずに作物に養分を吸収させることができます。

ボカシ肥は農家の数だけ作り方があるといわれるほどで、身近にあるものを上手く使って、自分の畑に合ったボカシ肥が作れます。植物質の材料で作るとカリが多くリン酸が少なく、動物質の材料で作るとリン酸が多くカリが少ない傾向にあるので、組み合わせれば肥料バランスの取れたものが作れます。

家庭でもボカシ肥は便利に手軽に利用でき、家庭菜園やコンテナ栽培で大いに活躍してくれます。

ボカシ肥の作り方

ボカシ肥づくりの基本は、有機物と発酵を促すものを混ぜ合わせて、ほどよく水分を加えて発酵させるのが基本です。成分は配合材料によって異なりますが、一般的には、チッソ2.5％、リン酸2.5％、カリ1％ほどの割合が適正でしょう。

ボカシ肥には家畜ふんや生ゴミなどを使うので、作る過程で少し臭いが出てきます。気になる場合は、先に挙げた燻炭《くんたん》、ゼオライトなどを混合するとよいでしょう。

■ボカシ肥に向く有機質資材

米ヌカ	米の皮なので油分が多く腐りにくい。肥料成分に富んでおりビタミンやミネラルも豊富なため、ボカシ肥の発酵材として最適。
油カス	安価でチッソ肥料の代表格。土の中で分解される過程でアンモニアが発生しやすいため、ボカシ肥の材料に最適。
オカラ	チッソが多くリン酸が少ない。チッソ分が高く微生物の分解が進むのでボカシ肥の材料に最適。生オカラは腐敗しやすいので早めに処理をする。
コーヒーカス	多孔質の形状をしているので、水分や臭い成分を吸収する。オカラや米ヌカなど肥料成分の多いものと混合すると発酵が進む。
鶏ふん	チッソ、リン酸が多く、養分バランスがとれた資材なので、ボカシ肥料の材料として効果的。ボカシ肥に使うときは発酵鶏ふんよりも乾燥鶏ふんがよい。
魚カス	チッソ、リン酸が多く、肥料としての効果が高い。ボカシ肥に使うときは草木灰などを入れてカリ分を補給するとバランスがよくなる。

ボカシ肥の作り方

身近な材料を使ってボカシ肥を作る

米ヌカや油カスなどの有機質肥料を積み重ねて発酵させるボカシ肥。よく分解されているため、土中の微生物の働きを促進させながら、植物にバランスのよい肥料成分を供給してくれます。

ボカシ肥はさまざまな作り方がありますが、その一例を紹介します。身近にあるものをうまく使って、自分の菜園に合ったボカシ肥を作ってみましょう。

■ボカシ肥の作り方

1 右記の各有機肥料をバケツに入れる

油カス 2kg　鶏フン 1kg
魚カス 1kg　米ヌカ 500g
骨粉 1kg

2 水3〜4ℓを加え、よくかきまぜる

3 やや湿った畑の土5kgを用意する。空バケツに②の肥料と土を交互に重ね、サンドイッチ状に積んでいく。一番下と一番上は土を積んでフタをする

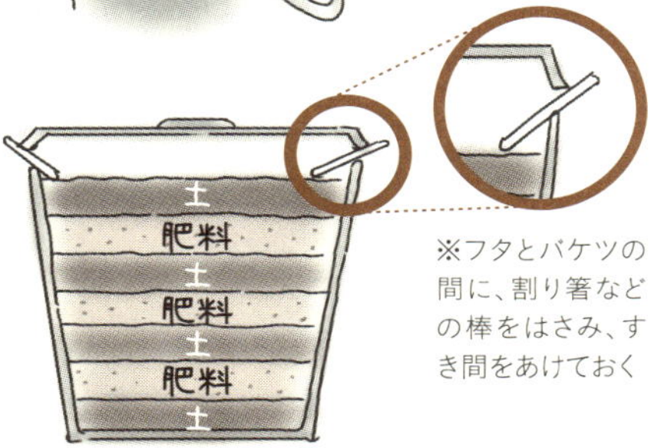
土
肥料
土
肥料
土
肥料
土

※フタとバケツの間に、割り箸などの棒をはさみ、すき間をあけておく

4 週に1〜3回移植ゴテでまんべんなく切り返す

切り返しの際に出るアンモニア臭は強烈なのでくれぐれもご近所迷惑にならないよう注意してね
ヒ〜!!

5 2〜4週間で完成!

チッソ 2.5%
リン酸 2.5%
カリ 1%

6 保存する場合は日陰に広げて乾燥させ、紙袋に入れておく

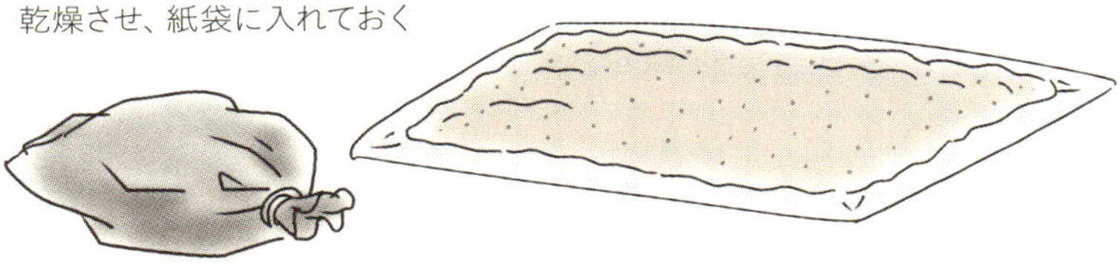

■ペットボトルボカシ肥　生ゴミ+腐葉土

材料　生ゴミ（粗く切っておく）100g、乾燥させた腐葉土または堆肥150g、1.2ℓ以上のペットボトル（上部の部分を切っておく）、ガーゼ、輪ゴム、保管用の段ボール

1 腐葉土50gをペットボトルの底に敷く

2 生ゴミと腐葉土50gを混ぜて、①の上に入れる

3 残りの腐葉土50gを一番上に入れる。

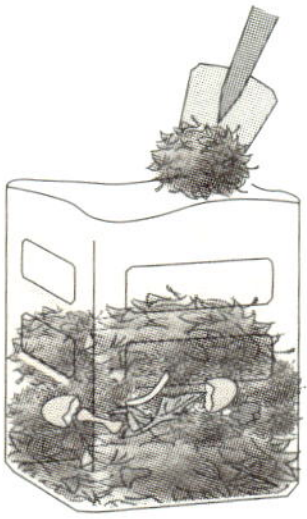

4 虫を防ぐためにガーゼや目の細かい布などをペットボトルの口にかぶせ、ゴムで留める。

5 段ボールに入れて日なたに置く。ボトルを何本かいっしょに詰めてもよい。4週間ほど、1日1回かき混ぜる。

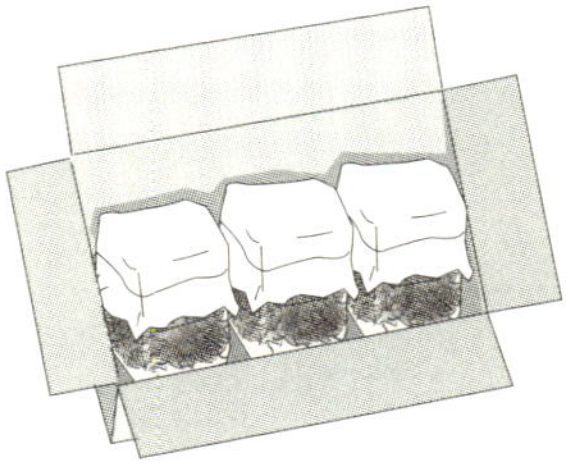

■レジ袋ボカシ肥　生ゴミ+米ヌカ+土

材料　生ゴミ（粗く切っておく）250g、乾燥させた土や腐葉土500g、米ヌカ15g、レジ袋、保管用段ボール

1 生ゴミに米ヌカをまぶす

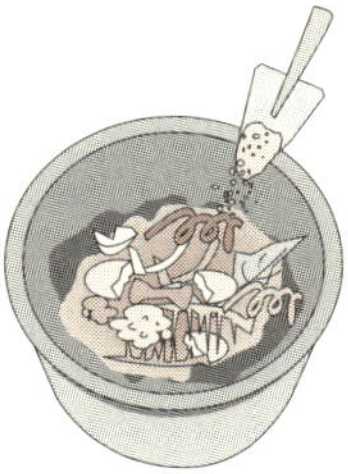

2 ①と土を合わせレジ袋に入れる

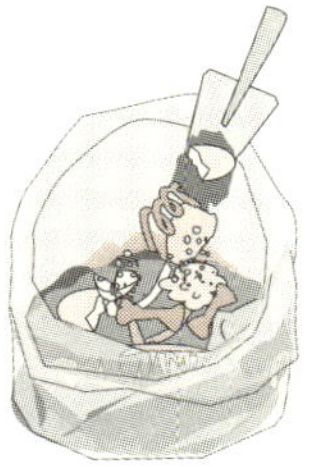

3 レジ袋をもむようにして混ぜる

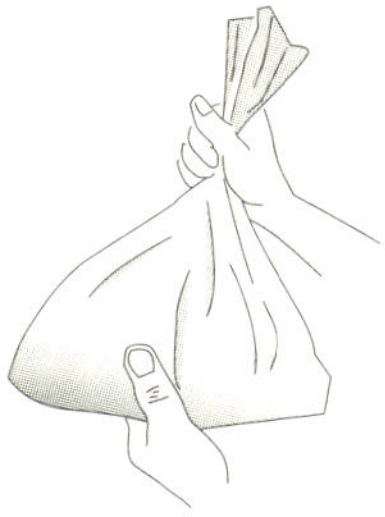

4 口を閉めずに、ふわりとたたんで保管する。段ボールに入れて日なたに置く。いくつ重ねてもよい。2週間たった後は、、定期的に③の要領で袋の中身をかき混ぜる

index

index

参考文献

『家庭菜園の裏ワザ』 木嶋利男（家の光協会）

『家庭菜園の土づくり入門』 村上睦朗・藤田智（家の光協会）

『土のはたらき』 岩田進午（家の光協会）

隔月刊誌『やさい畑』（家の光協会）

『土と微生物と肥料のはたらき』 山根一郎（農山漁村文化協会）

『有機栽培の肥料と堆肥　つくり方・使い方』 小祝政明（農山漁村文化協会）

『用土と肥料の選び方・使い方』 加藤哲郎（農山漁村文化協会）

シリーズ『土の絵本』日本土壌肥料学会編（農山漁村文化協会）

- カバーデザイン　戸井田 晃
- 本文イラスト　陳帥君、密照匡倫
- デザイン・DTP制作　寺澤敏恵、遠藤真樹、服部明恵、陳帥君、並木千賀子（ハッピージャパン）
- 校 正　高橋智子

指導・監修

後藤逸男（ごとう・いつお）

東京農業大学 名誉教授（農学博士）。専門分野は土壌肥料学。農家や園芸愛好家のための土と肥料の研究会「全国土の会」会長として、土壌診断分析に基づいた施肥管理や環境にやさしい農業の実践などを啓発している。著書に『改訂新版　土と施肥の新知識』(農文協、2020年、共著)。

イラスト 基本からわかる
土と肥料の作り方・使い方

2012年2月1日　第1版発行
2022年12月27日　第14版発行

監修者　後藤逸男
発行者　河地尚之
発行所　一般社団法人 家の光協会
〒162-8448　東京都新宿区市谷船河原町11
電話　03-3266-9029（販売）
03-3266-9028（編集）
振替　00150-1-4724

印刷・製本　株式会社リーブルテック

ISBN978-4-259-56357-8 C0061